国家级一流本科专业建设点成果教材

C++程序设计
及互动多媒体开发

罗立宏　主编

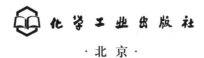

化学工业出版社

·北京·

内容简介

本书从C++与C语言的区别讲起，循序渐进，由浅入深，介绍了C++的基本语法、图形界面开发技术以及互动多媒体开发技术。本书分三大部分共10章：第一部分为C++基本语法知识，包括第1～4章；第二部分为C++图形界面技术，包括第5、6章的MFC和第7章的Qt技术；第三部分为几种典型的互动多媒体技术，包括第8章音视频开发、第9章Cocos2d-X游戏引擎以及第10章虚幻引擎虚拟现实技术。本书的讲解理论结合实际，实例步骤详细，选用的实例和代码非常具有代表性和实用价值。

本书可供高等院校计算机类专业学生作教材使用，也可供希望在多媒体开发技术进阶的程序开发人员阅读参考。

随书附赠资源，请访问 https://www.cip.com.cn/Service/Download 下载。

在如右图所示位置，输入"46006"，点击"搜索资源"即可进入下载页面。

图书在版编目（CIP）数据

C++程序设计及互动多媒体开发 / 罗立宏主编 . 北京：化学工业出版社，2024. 9. -- ISBN 978-7-122 -46006-6

Ⅰ. TP312；TP37

中国国家版本馆 CIP 数据核字第 2024P8786Z 号

责任编辑：孙梅戈　陈景薇　　文字编辑：冯国庆
责任校对：李　爽　　　　　　装帧设计：韩　飞

出版发行：化学工业出版社
　　　　　（北京市东城区青年湖南街 13 号　邮政编码 100011）
印　　刷：北京云浩印刷有限责任公司
装　　订：三河市振勇印装有限公司
787mm×1092mm　1/16　印张 18¼　字数 451 千字
2024 年 9 月北京第 1 版第 1 次印刷

购书咨询：010-64518888　　　售后服务：010-64518899
网　　址：http://www.cip.com.cn
凡购买本书，如有缺损质量问题，本社销售中心负责调换。

定　　价：69.80 元

在当今的信息时代，计算机程序设计已经成为与科技发展紧密相连的重要技能。而 C++ 语言作为一门强大的编程语言，以其高效、灵活和可移植性强的特点，一直是许多计算机和软件工程专业的首选语言。为了让广大学生、研究人员和开发人员更深入地掌握 C++ 语言的精髓，我们特地编写了本书。

本书不仅讲解了如何编写 C++ 代码，更是一本引领读者理解编程思想、掌握编程技巧的指南。本书从 C++ 语法开始，逐步深入到面向对象编程、泛型编程以及图形界面开发技术，然后在这些基础之上，再引导读者进一步在互动多媒体技术方面进行实战应用与提高。本书每一章节的内容都是精心设计的，旨在帮助读者由浅入深地理解 C++ 的各个方面。

C++ 语言已有悠长历史，关于 C++ 已有非常多的书籍和教材。然而，C++ 也是一门不断发展的语言，自 1998 年公布第一版 C++ 标准（C++98）以来，C++ 语言就沿着 C++11、C++14、C++17 等的路径发展而来。2023 年，C++ 标准委员会又发布了 C++23 标准。然而，市面上大多数 C++ 书籍和教材并未反映这些发展和变化，要反映这些新发展和新变化，是笔者编写本教材的其中一个动机。另外，C++ 的应用领域广泛繁多，尤其是近年来与很多其他新框架、新引擎相结合，又形成了新的技术。笔者注意到，市面上少有能反映近年 C++ 互动多媒体开发技术新发展的教材，所以需要有一本反映音视频开发、游戏开发、虚拟现实等领域 C++ 互动多媒体开发新技术的教材，这也是笔者编写本教材的另一个动机。

在编写过程中，我们特别注重理论与实践相结合。除了对 C++ 语言特性的详细解释外，书中还提供了丰富的实例代码和实际应用场景。这些代码和案例都是经过精心挑选的，旨在帮助读者更好地理解和应用所学知识。同时，为了帮助读者巩固所学知识，还设置了丰富的思考与练习题。

本书的总体思路是：扎实打好基础，面向实际应用，由浅入深，深入浅出。本书的特色体现在：使用 C++ 最新标准，反映 C++ 最新发展；面向互动多媒体开发的专业前沿，实战例题丰富，讲解深入；遵循学习者的思路习惯，讲解步骤清晰，使读者易于学习和操作。

本书适合作为高等学校计算机专业以及数字媒体、游戏开发、虚拟现实等专业的 C++ 语言课程的教材，也适合要使用 C++ 进行程序开发或从事多媒体应用开发的人员参考。通过学习本书，读者能够掌握 C++ 语言的基本语法、图形界面开发技术以及互动多媒体开发的最新技术，为使用 C++ 语言进行通用程序开发或多媒体产品开发打下坚实的基础。另外，想提醒读者的是：本书是一门讲解C++语言及进阶应用的教材，而一般C++的学习轨迹是先学习C语言，再学习C++语言及进阶应用，这样才能取得最好的学习效果。因此，建议读者在学习本书前，先掌握一定的C语言基础知识。

本书主要由罗立宏负责各章的撰写，崔宏峰参加了第10章的编写，陈俊佳和林鑫参加了各章的修正和校对。

本书配有PPT课件与例题源码，购买了本书的读者可从配套电子资源中获取，亦可向作者（luoleo98@163.com）或出版社索取。

本书为广东省自然科学基金项目"室内导航中的视觉定位几何模型与AR导航关键技术"（2023A1515011706）和教育部人文社科项目"基于VR/AR的历史文化展览沉浸式可视化叙事构架研究"（20YJAZH073）的阶段性研究成果。同时，衷心感谢广东工业大学、化学工业出版社对本书的支持与帮助。

由于笔者水平有限，书中难免存在缺点和疏漏之处，恳请读者批评指正。

罗立宏

2024年2月

目录

第 5 章　MFC 对话框应用程序　83

第1章 概 述

C++语言是应用最广泛的面向对象程序设计的语言之一，它包括 C 语言的全部特征、属性和优点，同时增加了对面向对象编程的支持。面向对象程序设计的语言很多，如 C++、C♯、Java、Python 等。其中，C++语言是最流行和最实用的程序设计语言之一。

1.1 从 C 到 C++

1.1.1 C 和 C++ 的发展历史

说起 C 语言，要从贝尔实验室说起。贝尔实验室是美国著名的实验室，许多重大发明，例如晶体管、太阳能电池、数字交换机、通信卫星、电子数字计算机等，都诞生于此，C 语言也在此诞生。1973 年，在贝尔实验室，Dennis Ritchie 基于改进 Unix 系统的需要，在 B 语言的基础上设计了一种新语言，他选取了 BCPL 的第二个字母作为这种语言的名字，这就是 C 语言。

1979 年，同样在贝尔实验室，Bjarne Stroustrup 博士开始研究"带类的 C"，他的目标是将面向对象编程添加到 C 语言中，C 语言过去和现在都因其可移植性而备受推崇，同时又不牺牲速度和低级功能。除了 C 语言的所有特性之外，Bjarne 博士的语言还包括类、基类继承、内联、默认函数参数和强类型检查。1983 年，这种语言的名字从"带类的 C"改成了"C++"。在 C 语言中，++是用于递增变量的运算符，这充分地显示了这种语言与 C 语言的关系：C++是 C 的扩展和超集。这个时期，Bjarne 博士又为 C++添加了许多新特性，包括虚函数、函数重载、引用、const 关键字和使用两个前斜杠的单行注释等。

1990 年，注释的 C++参考手册发布。同年，Borland 的 Turbo C++编译器作为商业产品发布。Turbo C++增加了大量的额外库，这对 C++的开发产生了相当大的影响。虽然 Turbo C++的最后一个稳定版本是在 2006 年出现的，但是该编译器至今仍有很多人在使用。

1998 年，C++标准委员会发布了 C++语言的第一个国际标准——ISO/IEC 14882：1998，也就是 C++98（C++1.0）。注释的 C++参考手册对标准的开发有很大的影响。

2003 年，C++标准委员会针对 98 版本中存在的诸多问题进行了修订，修订后发布了 C++标准第二版，即 C++03，正式名称为 ISO/IEC 14882：2003。

2011 年，C++标准的第三版发布，正式名称为 ISO/IEC 14882：2011。C++11 包含了核心语言的新功能，并且拓展了 C++标准程序库。C++11 增加了很多新特性，包括正则表达式、原子、foreach 循环、auto 关键字、可变模板等，还有标准的线程库和新的容器类。此后，C++标准委员会在 2014 年又对 C++11 进行了修订，发布了 C++标准第四版，即 C++14，加入了变量模板、别名模板等新特性。

2017 年，C++标准委员会继续发布了 C++标准第五版，即 C++17，加入了结构化绑定、内联变量、折叠表达式等新特性。2020 年又发布了第六版，即 C++20，加入了概念、范围库、协程和模块等新特性。这些新概念、新特性将会对未来的程序设计行业产生重要影响。并且 C++的发展并未停止，仍保持着与时俱进，在未来的计划中，预计 C++标准委员会继续发布更新的 C++标准。

1.1.2　C 与 C++ 的区别

C 语言是一种结构化语言，它层次清晰，可按照模块的方式对程序进行编写，方便调试，有着全面的运算符和多样的数据类型，能够完成各种数据结构的构建，通过指针类型更可对内存直接寻址以及对硬件进行直接操作，因此既能够用于开发系统程序，也可用于开发应用软件。

然而，与其他面向过程的语言一样，C 语言在数据封装性方面表现得不太好，这一点使得 C 语言在数据的安全性上有较大缺陷。C 语言的语法限制不太严格，对变量的类型约束不严格，这也影响了程序的安全性。另外，与其他面向过程的语言一样，C 语言的扩展性和复用性都不是太好。随着软件行业的发展，程序规模越来越大，面向过程的语言对于软件维护和持续开发都越来越难以满足要求。

而上述这些缺点，正好就是面向对象的语言的优势所在。C++在 C 语言的基础上增加了类和对象，就变成了一种面向对象的语言。从语法上看，可以认为，C 语言是 C++的一部分，C++是 C 语言的扩展和超集。C 语言代码几乎不用修改就能够以 C++的方式编译。然而，C++与 C 语言最主要的区别是：C 语言是面向过程的，C++则是面向对象的。C++具有面向对象语言的所有特点，即封装性、继承性和多态性，这使得 C++开发的程序具有扩展性好、复用性好、维护性好的特点。

1.1.3　面向对象的优点

面向过程（procedure oriented）和面向对象（object oriented）是两种不同的软件开发方法，或者说是两种编程范式。面向过程把数据和对数据的操作方法分开。这种编程方式"自上而下"地设计程序，先定好框架，再增砖添瓦。编写 C 语言程序的时候通常就是先定好 main（）函数，然后再逐步实现 main（）函数中所要用到的其他方法。面向对象则把数据和对数据的操作方法结合在一起。对同类对象抽象出其共性，形成类。类中的大多数数据，只能用本类的方法进行处理。类通过一个简单的外部接口与外界发生关系，对象与对象之间通过消息进行通信。面向对象是把现实中的事务都抽象成为程序设计中的"对象"，其基本思想是一切皆对象，是一种"自下而上"的设计语言，先设计组件，再完成拼装。面向对象的思想更接近人们的日常生活，因为人们日常生活中接触到的就是一个个的"对象"。例如照相时，使用的就是"照相机"这个对象。照相的过程当然涉及很多复杂的原理和方法，例如调焦、成像、定影等，然而今天并不需要面对这些复杂的"过程"，只需面对照相机这个"对象"，照相机这个对象把这些复杂的过程全部封装了起来，并提供了一个"接口"——拍摄按钮，通过此按钮就可以完成照相这个工作。

使用面向对象的方法进行程序设计，有非常多的优点，如下所示。

① 与人类思维习惯一致。面向对象是相对于面向过程的，面向对象是以对象作为核心，将数据和方法作为一个整体看待。面向对象更接近人类习惯的抽象思维方法，并尽量接近现实地描述问题和解决方法，从而更自然而然地将现实的问题程序化。

② 系统的稳定性好。面向对象用对象模拟问题域中的实体，以对象间的联系描述实体间联系。当系统的功能需求变化时，修改某个对象不会引起软件结构的整体变化，仅需做一些局部的修改就能完成新的需求。由于现实世界中的实体的联系是相对稳定的，因此，以对象为中心构造的软件系统也会比较稳定。

③ 可重用性好。采用面向对象方法可以只编写一次代码，然后在软件或网站开发的整个过程中反复重用。而在非面向对象方法的情况下，则可能需要反复多次编写具有同样功能的代码。所以面向对象减少了编写应用软件或网站程序代码的总量，从而加快了软件开发的进度，同时降低了程序中的错误量。

④ 较易于开发大型软件产品。面向对象具有结构明晰、可读性强、容易修改和维护、重用性高、开发效率高、安全性好等优点。而且由于封装，隐藏了重要的数据和实现细节，使得软件或网站开发程序代码更加易于维护，更加安全。

⑤ 可维护性好。面向对象的代码可以以各个类分别进行修改、扩展或其他维护。这样就使查找问题、修复问题、为软件或网站添加新的功能变得简单，同时类内部的改动不会影响软件或网站程序的其他部分。随着项目越来越大，使用面向对象的优越性会更显著地显示出来。

1.1.4　C++ 的应用领域

自 20 世纪 90 年代开始，C++ 就是世界上最主要的计算机语言之一。TIOBE 社区每年每月都对世界上各种计算机语言进行流行度排名，三十年来 C++ 一直居于前五。C++ 的应用领域非常广泛。事实上，C++ 可以实现绝大多数计算机软件所需要的功能，尤其在以下这些应用领域中相比其他语言有着更多的优势。

① 服务器端开发。很多游戏或者互联网公司的后台服务器程序都是基于 C++ 开发的，而且目前大部分是 Linux 操作系统。这主要是由于基于操作系统安全性和使用成本的考虑以及 C++ 对硬件和系统资源有更好支持的原因。

② 多媒体领域。图形、图像、视频、音频及相关的应用都属于多媒体领域。多媒体应用，特别是新型的互动多媒体，目前正在向各行各业甚至生活的方方面面渗透。典型的多媒体应用有游戏开发、虚拟现实、视频监控、计算机视觉、图形图像处理等行业。多媒体应用运算工作量大，处理算法复杂，而 C++ 运行速度快，而且有着例如 OpenGL、DirectX、OpenCV、FFMpeg、Unreal、Cocos2d-X 等图形图像接口或引擎支持，因而在此领域中有着独特优势。

③ 网络软件。C++拥有很多成熟的用于网络通信的库，其中最具有代表性的是跨平台的、重量级的 ACE 库，该库可以说是 C++语言最重要的成果之一，在许多重要的企业、部门甚至是军方都有应用。而很多浏览器软件，例如 IE 和 Chrome，都是使用 C++开发的。

④ 科学计算。在科学计算领域，Fortran 是使用最多的语言之一。但是近年来，C++凭借先进的数值计算库、泛型编程等优势在这一领域也应用颇多。

⑤ 分布式应用。分布式应用可以用很多语言去开发，但行业中有很多成熟的基于 C++的分布式应用平台与框架，促使着相当大比例的开发者使用 C++去开发分布式应用。

⑥ 设备驱动程序。设备驱动程序可以使用汇编、DDK、C 语言、C++来进行开发，其他语言一般难以胜任。C++是其中一种选择。

⑦ 嵌入式系统。有很多种语言可以实现嵌入式系统，但使用最多的还是 C/C++。其中 C++在大型工程和开发效率方面有优势。

⑧ 桌面应用软件。桌面软件开发可以有很多种语言选择，C++是很多人的选择。C++有完善的图形界面开发框架（见第 5～7 章），适合桌面软件开发。许多常用的桌面软件，例如微软 Office、金山 WPS、Photoshop、QQ、Skype 等，都是基于 C++开发的。

此外，在操作系统、数据库软件、杀毒软件、编译器软件、搜索引擎、商业智能软件等方面，C++都在广泛应用，在此不一一列举了。

1.2　章节安排

本书的章节内容这样安排，全书分三大部分。

第一部分讲述 C++的语言和语法基础，包括第 2～4 章，介绍了 C++相对于 C 语言的新增特性以及类和对象的概念与使用。其中第 2 章讲述不涉及类和对象的语言新特性，包括在输入输出、循环语句、内存分配、函数和异常处理方面的新特性。第 3 章介绍类和对象的概念及使用方法，讲述了 C++的封装性、继承性与多态性。第 4 章讲述了与类和对象相关的新特性，包括集合对象、迭代器、模板与泛型等内容。

第二部分讲述 C++的图形界面应用程序开发技术，包括第 5～7 章，介绍了 MFC 和 Qt 应用程序的开发方法。其中第 5 章讲述 MFC 对话框应用程序，第 6 章讲述 MFC 文档视图应用程序，第 7 章讲述 Qt 应用程序。

第三部分讲述 C++互动多媒体应用程序开发技术，包括第 8～10 章。如上节所述，多媒体应用开发是 C++的一个重要应用领域，并且 C++在这个领域有独特优势，这一部分专门介绍几种典型的多媒体开发技术，以提升读者对 C++的认识和应用能力。其中第 8 章讲述音频与视频开发技术，第 9 章讲述基于 Cocos2d-X 的游戏开发技术，第 10 章讲述基于 Unreal 引擎的虚拟现实应用开发技术。

1.3　基础知识要求

一般来讲，初学者应先学习 C 语言，再进一步学习 C++。因为，首先，如前所述，在语法上，C 语言是 C++的一部分，因而在知识点分布上，C 语言的知识就是其中一部分

C++的知识，这当然是要学的。其次，C 语言虽为面向过程的语言，但面向过程的程序设计方法也是程序开发者需要学习和掌握的。在学习面向过程的设计方法中，初学者会得到严谨的思维训练，这对于进一步学习面向对象的设计方法是大有帮助的。

本书的内容不包括 C 语言的知识点，而直接从 C++相对于 C 语言的新增特性开始介绍。因此本书的读者需先学习过 C 语言。

1.4　关于编译器

C++的编译器和 IDE（集成开发环境）有很多种。各种编译器在市场上的竞争也激烈得宛如战争。例如 20 世纪 90 年代，Borland C++、Microsoft C++、Watcom C++、Symantec C++四种编译器的竞争就非常激烈。到了 21 世纪 00 年代，Watcom C++、Symantec C++退出市场，微软（Microsoft）公司和 Borland 公司继续升级发展其编译器，进而使得在该年代 Visual Studio 和 C++ Builder 双雄并立。21 世纪 10 年代之后，一直低调多年的 Qt 凭借开源和跨平台的时势突然异军突起，把很多 C++开发者吸引到其旗下。而在非 Windows 平台，因为终端开发者少一些，硝烟没那么弥漫，但也存在多种选择。例如在 Linux 平台，GCC 与 Clang 是最多开发者选择的两种编译器。而在 macOS 平台，也有 XCode、GCC、Code::Blocks 等多种选择。除了这些主流的编译器外，再加上一些小众一点的 Intel ICC、Open64、DevC++等，以及主业不在 C/C++却也能编译 C++的 Eclipse、Android Studio 等，总计起来 C++编译器有几十种之多。

本书当然不可能用到所有这么多编译器和 IDE。本书在各章节的不同内容中将会使用其中的三种。

（1）Visual Studio 2022

自 Visual C++6.0 之后，微软公司就把旗下各种语言的编译器都集成到一个统一的 IDE 中，这个 IDE 就是 Visual Studio（即 VS）。它不仅可以编译 C++，还可以编译/解释 C♯、Visual Basic、JavaScript、Python、TypeScript 等多种语言，不仅可以开发 Windows 程序，还可以针对 Android、Linux、macOS、iOS、Xbox 等各种平台开发多种应用，是功能非常强大的一款 IDE。VS 的社区版（Community 版）是免费的，专业版和企业版则需要收费。截至编写本书之时，Visual Studio 的最新版本为 2022。本书将在除了第 7 章以外的各个章节中都会用到 Visual Studio 2022，这是本书用得最多的编译器。

请在本书配套电子资源中找到 VS2022 社区版的安装程序，或者在微软网站 Visual Studio 页面进行下载。安装过程如下。

① 运行安装程序，可见到弹出的对话框，如图 1-1(a) 所示。

② 点击"继续"，安装程序开始提取文件，如图 1-1(b) 所示。

③ 组件下载好之后，会弹出组件选择对话框。确认"使用 C++的桌面开发"选项被选中，并且勾选其右边的 MFC 选项，如图 1-2 所示。其他为默认选项即可。

④ 然后点击对话框右下角的"下载时安装"按钮，安装程序就会根据组件的选择来实时下载安装。这个过程会比较耗时，安装过程中要全程联网。安装结束后，会提示重启计算机。重启后，Visual Studio 就安装完成了。

如果读者不想使用 VS2022，而想使用其他版本的 Visual Studio，也没有问题。各个版

(a) 运行安装程序

(b) 安装程序提取文件

图 1-1 Visual Studio 2022 的安装

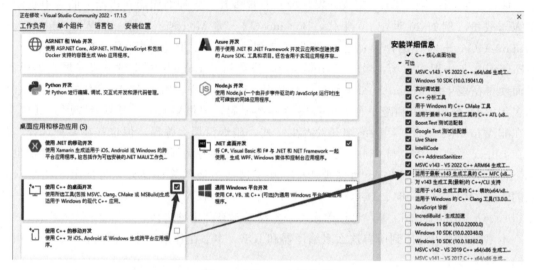

图 1-2 VS2022 安装选项

本的 Visual Studio 之间的界面和开发操作步骤都相差不大。

（2）Qt Creator

Qt 是一种 C++图形用户界面（GUI）应用程序框架，正在吸引越来越多的 C++开发者使用。本书第 7 章将介绍 Qt 相关技术。开发 Qt 程序使用的是 Qt Creator 编译环境，因此在第 7 章将使用这种 IDE。本书使用的是较新的稳定版 Qt6.5。Qt Creator 的安装将在第 7 章讲述。

（3）Android Studio

Android Studio 是开发 Android 平台软件的 IDE，它主要针对 Java 语言。但是 Android Studio 也能对 C++进行编译。在第 7 章把 Qt 程序发布成 Android 应用时，需要使用 Android Studio 进行编译。本书使用的是 Android Studio 3.0。

第 2 章 C++ 新增语言

如前一章所述，C++对 C 语言的主要扩展在于增加了类和对象，这使得面向过程的 C 语言变成了面向对象的 C++，对此将在第 3 章进行详细介绍。然而，除了类和对象之外，C++相对于 C 语言还新增了不少语言特性，例如新的输入输出语句、循环语句的新特性、动态内存分配、函数的新特性和异常处理等。本章将对这些新特性进行一一介绍。

2.1 控制台程序的创建

在讲述 C++语句语法之前，先介绍一下控制台工程的创建。只有创建了工程，才会看到写代码的地方。本章后面的所有例子都是要按照本节的方法先创建工程，然后再在 cpp 文件中写代码。不过这些其实是大家学习 C 语言的时候就学习过的，学习 C 语言时就对此熟悉的读者可以跳过本节。

2.1.1 使用 Visual Studio 2022 创建控制台工程

本书使用得最多的编译器是 Visual Studio 2022。下面介绍使用 VS2022 创建控制台工程的方法。

【例 2-1】使用 Visual Studio 2022 创建一个 Hello World 程序。

程序创建步骤如下。

① 启动 Visual Studio 2022。

② 点击"创建新项目"按钮，创建新工程，如图 2-1(a) 所示。

③ 选择控制台应用，点击"下一步"，如图 2-1(b) 所示。

④ 输入项目名称（解决方案名称会自动变更为与项目名称一致，不需要更改）、选择合适的路径，如图 2-1(c) 所示。然后点击"创建"按钮，新工程就成功创建了。

⑤ 新工程（也称项目）创建成功后如图 2-2 所示。

一般来说，在新工程生成后 cpp 代码文件就打开了。如果未打开，则在左边解决方案管理器视图中展开目录树，双击工程的 cpp 文件，即可打开查看代码，代码如下。

```
# include <iostream>
int main()
{
    std::cout << "Hello World! \n";
}
```

观察代码，这是 C++代码的 Hello World 程序，这个 cout 语句下一小节开始讲述。

(a) 创建新项目

(b) 选择控制台应用

(c) 输入项目名称和路径

图 2-1　VS2022 创建控制台工程

图 2-2　Hello World 工程代码（VS2022）

　　⑥ 编译调试。点击 按钮（下文简略为 ▶ 按钮），或按键盘的 F5
键，就可以对代码进行编译、连接生成可执行文件（exe 文件）并运行这个可执行文件。

　　运行前在代码左边的灰色条带上点击，就会在该处设置出一个断点，这样在调试运行的
时候程序运行到该语句就会暂停下来，以便程序员查看程序的各种情况。例如用鼠标点击
cout 语句左边的灰色条带，就可以设置出一个与图 2-2 中一样的断点。

　　点击 ▶ 按钮或按 F5 键，可看到程序运行起来并在断点处停下来，这时可以看到调试工
具栏 在菜单栏上出现。在调试工具栏中，使用 （或按 F10 键）可以让程序一个
语句一个语句地执行，这称为"单步调试"。如果执行到的语句是包含了更多代码的函数，
可以使用 （或按 F11 键）让程序进入这个函数去一步步执行。当在这个函数中执行了几

个语句，觉得这个函数不需要一步步执行了，可以点击 （或按 Shift＋F11 键）直接执行完该函数的所有剩余语句，然后程序会返回并停在上一级调用这个函数的地方。

程序在某个语句停住的时候，可以用各种方法查看该程序段中各个变量的值。最常用的方法有：用鼠标移到代码中某个变量上，VC 就会弹出提示显示该变量的值；使用变量窗口（Variables 窗口），变量窗口中会自动列出与该程序段相关的变量，并显示出它们的值；使用监视窗口（Watch 窗口），在监视窗口中可以用键盘输入或用鼠标拖入任意变量，这些变量的值会在监视窗口中显示出来。除了变量窗口和监视窗口外，这些辅助调试的窗口还有自动窗口、堆栈窗口、即时窗口等。这些窗口在程序被断点断下来时会默认出现在界面下方，点击各个窗口对应的选项卡会切换到各个窗口。如果断点断下时这些窗口没有出现，可以利用菜单打开各个调试辅助窗口，如监视窗口、变量窗口、堆栈窗口等。例如，要打开监视窗口，可以点击菜单【调试】-【窗口】-【监视】-【监视 1】，其他调试相关窗口也可以类似地打开。

程序一开始编写出来时，即使编译通过了，也常常还有很多逻辑错误，这些错误会导致程序出错。这些错误反映在程序中常常是某些变量的值发生了意外的错误，因此通过调试查看它们在运行过程中值的变化情况，就可以找到错误的根源，从而一步步把错误排除。程序调试，特别是单步调试，是每一个程序员都需要掌握的。

⑦ 程序运行。Hello World 程序运行结果如图 2-3 所示。

图 2-3　Hello World 程序运行结果（VS2022）

2.1.2　使用 Visual C++6.0 创建控制台工程

有时在学习过程中，例如在网上查找参考例程的时候，可能会遇到 Visual Studio 早期版本的代码资源。Visual Studio 从 2003 版本开始，工程文件的扩展名皆为 .sln，里面程序创建和编译运行的方法与 2022 版也基本相同。更早的 Visual Studio，其针对 C++的编译器称为 Visual C++。Visual C++的工程文件是扩展名为 .dsw 的文件，其创建工程和编译运行的操作方法也差异较大。本小节以 Visual C++6.0（VC6）为例，介绍一下使用 Visual C++创建控制台程序的方法步骤。

【例 2-2】使用 Visual C++6.0 创建一个 Hello World 程序。

程序创建步骤如下。

① 启动 Visual C++6.0。

② 点击菜单【文件】-【新建】，弹出新建工程对话框，如图 2-4(a) 所示。

在对话框中选 "Win32 Console Application" 工程类型，即控制台程序。然后填写工程名称和工程路径，再点击 "确定" 按钮，然后就会弹出下一页控制台类型选择页面，如图 2-4(b) 所示。

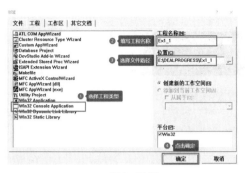
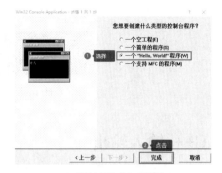

(a) 工程类型选择　　　　　　　　　　(b) 控制台程序类型选择

图 2-4　新建控制台工程步骤

③ 在控制台类型选择页面中选择"一个"Hello，World！"程序"，然后点击"完成"按钮，就会继续弹出一个工程信息确认对话框（图略），再点击"确定"，新工程就成功创建了，就会看到工作区窗口，如图 2-5 所示。

④ 在图 2-5 中，展开工作区目录树，双击工作区中的 main 函数，就可以打开工程的 cpp 代码文件。查看代码，可知是一个 C 语言的 Hello World 程序。

```cpp
#include "stdafx.h"
int main(int argc, char * argv[])
{
  printf("Hello World! \n");
  return 0;
}
```

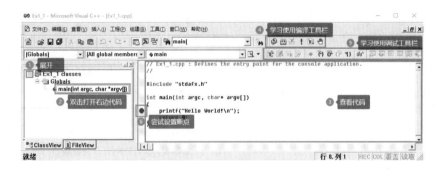

图 2-5　Hello World 工程代码（VC6）

⑤ 编译调试。使用在图 2-5 右上角的编译工具栏对程序进行编译运行。在编译工具栏的几个按钮中，⬛是对单个文件进行编译，⬛是对整个工作所有文件进行连接和生成可执行文件（exe 文件）。生成 exe 成功之后，就可以使用 ! 直接运行，这样可以查看最终运行结果。也可以使用 ⬛ 来进行调试运行，进行调试运行时，可以使用 ✋ 在任意语句设置断点。

⑥ 程序运行。Hello World 程序运行结果如图 2-6 所示。

图 2-6 Hello World 程序运行结果（VC6）

2.2 C++ 输入输出

2.2.1 cout 输出语句

回顾【例 2-1】，主函数 main（）中只有一个 cout 语句，这就是 C++ 的屏幕输出语句。

cout 语句用于在计算机屏幕上显示信息，用"流（stream）"的方式实现输出。"<<"是输出流符号。使用 cout 语句需包含头文件 stream，即 ♯include ＜iostream＞。

cout 属于 C＋＋98 标准（下文对每个知识点若不特别说明，则都默认为属于 C＋＋98 标准）。

cout 的语法格式为：

cout << 表达式 1 << 表达式 2 << …… << 表达式 n;

例如数字、布尔值、字符、字符串、换行的输出如下。

```
int a = 3;
bool b = true;
char c = 'm';
char d[6] = "China";
cout << a;
cout << b << '' << c << endl;    //endl 表示换行
cout << d << " is a big country. " << endl;
```

cout 输出时，可以利用控制符来控制输出的格式。cout 常见控制符见表 2-1。

表 2-1 cout 常见控制符

控制符	描述
dec	置基数为 10，后由十进制输出（系统默认形式）
hex	置基数为 16，后由十六进制输出
oct	置基数为 8，后由八进制输出
setfill(c)	设填充字符为 c
setprecision(n)	设置实数的精度为 n 位
setw(n)	设域宽为 n 个字符
setiosflags(ios::fixed)	固定的浮点显示
setiosflags(ios::scientific)	指数表示
setiosflags(ios::left)	左对齐
setiosflags(ios::right)	右对齐
setiosflags(ios::skipws)	忽略前导空白
setiosflags(ios::uppercase)	十六进制数大写输出
setiosflags(ios::lowercase)	十六进制数小写输出

提示：使用 cout 控制符需包含头文件 #include <iomanip>。

例如，要在输出时对每个变量都固定输出两位小数，可以这样控制：

```
double pi=3.1415926535，  e=2.71828183；
cout<<fixed<<setprecision(2)<<pi<<" "<<e<<endl;
```

或

```
double pi=3.1415926535，  e=2.71828183；
cout<<setiosflags(ios::fixed)<<setprecision(2)<<pi<<" "<<e<<endl;
```

以上两个例子都得到如图 2-7 所示的结果。

2.2.2　命名空间

在【例 2-2】中，cout 是屏幕输出语句，它前面的 "std::" 又是什么呢？为此，要了解一下命名空间。

图 2-7　固定输出两位小数

在 C++中，名称（name）可以是符号常量、变量、函数、结构、枚举、类和对象等。工程越大，名称互相冲突性的可能性越大。另外，使用多个厂商的类库时，也可能导致名称冲突。为了避免在大规模程序的设计中，以及在程序员使用各种各样的 C++库时，这些标识符的命名发生冲突，标准 C++引入关键字 **namespace**（命名空间，又称为名字空间或名称空间），可以更好地控制标识符的作用域。

例如，要创建一个含义相同变量名 x 的不同命名空间，可以这样：

```
namespace A{
    int x = 20；
}
namespace B{
    int x = 30；
}
void function(){
  cout << "A::x : " << A::x << endl;
  cout << "B::x : " << B::x << endl;
}
```

上例运行结果如图 2-8 所示，发现输出了不同命名空间 A、B 中的相同变量名 x 的值。

在程序中使用某个变量或函数时，如果每次使用都要连带写上其所在的命名空间，是很麻烦的事，代码也会因此加长，可读性会降低。如何避免这个问题呢？可

图 2-8　例子运行结果

以使用 using 声明来释放整个命名空间到当前作用域，其语法格式为：

using namespace 命名空间名称；

例如要释放 std 命名空间（又称"标准命名空间"）到整个 cpp 代码文件，使用语句：

```
using namespace std;
```

也可以单独释放某个变量到当前作用域，语法格式为：

using 命名空间名称::变量名或函数名；

例如要释放命名空间 std 中的 cout，使用语句：

```
using std::cout;
```

使用命名空间，可以改写【例 2-2】Hello World 程序的代码，使其主函数变得更简洁一些，如下所示。

```
#include <iostream>
using namespace std;
int main()
{
    cout << "Hello World! \n";
}
```

通过 using 声明释放了 std 空间后，就可以直接使用"cout"而不是"std::cout"了。

说明：上面的代码有两种背景色，这表示该段代码是从前面的代码修改而来的。不同的背景色含义如下。

浅灰色：代表与前面代码相同、没被修改的语句。

深灰色：代表新增的或者修改过的语句。

本书的代码段都采用这种风格。通过不同背景色，可以使读者更留意应该关注的语句，并且可以对多步骤的开发过程进行更清晰的描述。

2.2.3 cin 输入语句

C++使用 cin 语句从键盘获取数据，它对指定的变量进行赋值也用"流（stream）"的方式实现。"＞＞"是输入流符号。使用 cin 需包含头文件 stream，即 #include <iostream>。

cin 的语法格式为：

cin＞＞表达式 1＞＞表达式 2＞＞……＞＞表达式 n；

例如要为整型变量 a 输入一个值，语句为：

```
int a;
cin>>a;
```

要连续输入一个浮点型变量和一个字符串变量，语句为：

```
float f;
char s[20];
cin>>f>>s;
```

【例 2-3】从键盘录入学生的信息（姓名、学号、性别、年龄）以及数学、英语、政治三科成绩，然后输出学生的平均分。使用 cin、cout 进行输入和输出。

程序编写步骤如下。

① 使用 Visual C++ 6.0 创建新的控制台工程，步骤见【例 2-1】。

② 改写程序代码为如下。

```
#include "iostream.h"
//using namespace std;                    //VC6 不需此句
//学生信息结构体的定义
struct student
{
    char    name[30];      //姓名
    char    num[10];       //学号
    char    sex;           //性别,约定用 m 代表男,f 代表女
    int     age;           //年龄
    float MathScore, EnglishScore, PoliticsScore; //数学、英语、政治成绩
};


float Average(struct student stu)
{
    return (stu.MathScore + stu.EnglishScore + stu.PoliticsScore) / 3;
}


void main()
{
    student stu1, stu2;    //结构体变量定义
    cout<<"请输入第一位学生的姓名、学号、性别、年龄以及数学、英语、政治三科成绩:"<<endl;
    cin >>stu1.name>>stu1.num>>stu1.sex>>stu1.age
        >>stu1.MathScore>>stu1.EnglishScore>>stu1.PoliticsScore;
    cout<<"请输入第二位学生的姓名、学号、性别、年龄以及数学、英语、政治三科成绩:"<<endl;
    cin>>stu2.name>>stu2.num>>stu2.sex>>stu2.age
        >>stu2.MathScore>>stu2.EnglishScore>>stu2.PoliticsScore;
    cout<<stu1.name<<" % s 的平均分是"<<Average(stu1)<<endl;
    cout<<stu2.name<<" % s 的平均分是"<<Average(stu2)<<endl;
}
```

编译，运行，根据提示使用键盘输入"张三 31190008217 m 19 93 82 78"、回车，以及"李四 31190008290 f 18 85 94 84"、回车，然后可看到程序运行结果，如图 2-9 所示。

图 2-9　【例 2-3】运行结果

2.3 循环语句新特性

本节主要介绍 auto 关键字（属于 C++11 标准）和范围 for 语句（属于 C++11 标准），auto 和 for 搭配使用能够使循环语句变得更加清晰、简单。

2.3.1 auto 关键字

本小节所介绍的 auto 关键字属于 C++11 标准。但事实上，在 C++98 标准中就存在 auto 关键字，但那时的 auto 用于声明变量为自动变量，自动变量意为拥有自动的生命期，这是多余的，因为就算不使用 auto 声明，变量依旧拥有自动的生命期。例如：

```
int a = 5;           //拥有自动生命期
auto int b = 10;     //拥有自动生命期
static int c = 15;   //延长了生命期
```

C++98 中的 auto 多余且极少使用，C++11 已经删除了这一用法，取而代之的是全新的 auto：变量的自动类型推断。C++11 中，auto 可以在声明变量的时候根据变量初始值的类型自动为此变量选择匹配的类型。例如：

```
int   a = 5;
auto b = a;     //自动类型推断,b 为 int 类型
cout << typeid(b).name() << endl;     //typeid 运算符可以输出变量的类型

auto c = 3.1416;    //自动类型推断,c 为 float 类型
auto d = 'A';       //自动类型推断,d 为 char 类型
cout << "c 的类型为" << typeid(c).name() << endl;
cout << "d 的类型为" << typeid(d).name() << endl;
```

运行结果如图 2-10 所示。

auto 可以用在循环中，使循环语句更加简洁易懂。例如：

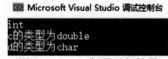

图 2-10　auto 例子运行结果

```
for(auto  i=1; i<10; i++){
    ......
}
```

可以通过对比以下两种写法来体会 auto 关键字如何使语句更加简洁。

（1）不使用 auto 关键字

```
std::vector<std::string> vs;
for (std::vector<std::string>::iterator i = vs.begin(); i != vs.end(); i++){
    //......
}
```

其中 vector 和 iterator 是后面章节会学到的类型，表示向量和迭代器。

（2）使用 auto 关键字

```
std::vector<std::string> vs;
for (auto  i = vs.begin(); i ! = vs.end(); i++){
    //......
}
```

2.3.2　范围 for 语句

大家在学习 C 语言时知道，for 语句是一种使用广泛的循环语句。然而，为了使循环语句能更加简洁，C++11 又新提供了一种范围 for 语句。范围 for 语句比起普通的 for 语句写法，能够更简洁方便地遍历一个序列中的各个元素。

范围 for 语句语法格式如下。

for（类型　变量：数组）{

// 对变量（即数组中每个元素）进行处理

}

例如遍历一个 int 数组例子：

```
int f[]{1,1,2,3,5,8,13,21,34,55,89,144};//斐波那契数列前十二项
for (auto x : f){        //对数组 f 中的每个元素依次进行处理
    cout << x << endl;
}
```

【例 2-4】使用范围 for 语句实现九九乘法表。

程序编写步骤如下。

① 打开 Visual Studio 2022 创建新的控制台项目，步骤见【例 2-1】。

② 改写代码如下。

```
#include <iostream>
using namespace std;
int main()
{
    int nums[] = { 1,2,3,4,5,6,7,8,9 };
    cout << "输出表: " << endl;
    for (auto i : nums){
        for (auto j : nums){
            cout << j << '*' << i << '=' << i * j << '\t';
            if (j >= i)
                break;
        }
        cout << endl;
    }
    return 0;
}
```

程序运行结果如图 2-11 所示。

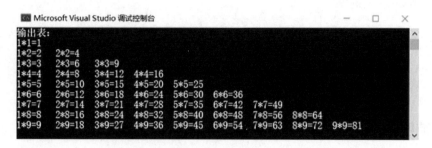

图 2-11   九九乘法表程序运行结果

2.4   动态内存分配

大家在学习 C 语言时知道，malloc 函数和 free 函数是 C 语言的动态分配内存及释放内存的函数。在 C++ 中，也有类似功能的 new 运算符和 delete 运算符。malloc 函数和 free 函数适用于内部数据类型（如 int、char、double 等）的内存分配与释放。而 new 运算符和 delete 运算符除了适用于内部数据类型外，还适用于非内部数据类型（如 struct、union、class 等）。

2.4.1   关于动态内存分配

程序中大部分的内存需求都是在程序执行之前通过定义所需的变量来确定的。但是可能存在程序的内存需求只能在运行时确定的情况。例如，当需要的内存取决于用户输入时，这时候就需要进行动态内存分配。

回顾 C 语言中的动态内存分配方法，C 语言是通过 malloc 函数来进行动态内存分配的，并且通过 free 函数来释放内存。malloc 函数的形式为：

void * malloc（unsigned int num _ bytes）；

提示：需要引入头文件 ♯include ＜stdlib. h＞。

例如动态申请一个整数的内存：

```
int * p;
p = (int * )malloc(sizeof(int));
```

上面代码执行后，p 指向一个整数的内存，* p 代表该无名字整数。

再如动态申请一个用户指定长度的字符数组：

```
char * q;
int size;
scanf(" % d", &size);
q = (char * ) malloc (size * sizeof(char));
```

上面代码执行时，从键盘输入一个数值，以这个数值为数组长度，动态申请一段字符数组的内存空间。

动态分配的内存需要在程序结束之前全部释放，否则会造成内存泄露。使用 free 函数，释放之前动态分配的内存，free 函数的形式为：

$$void free （void * FirstByte）；$$

例如创建一个字符数组，然后使用 free 函数释放内存。

```
char * Ptr = NULL;
Ptr = (char *)malloc(100 * sizeof(char));
......//省略中间使用该数组的代码
free(Ptr);
Ptr = NULL;
```

2.4.2　new 与 delete 运算符

C++ 也提供了进行动态内存的分配的方法：使用 new 运算符来动态申请内存，使用 delete 运算符来释放内存。语法格式分两种情况。

① 对于变量的申请，语法格式如下。

new 语法格式：

$$类型* 指针名 = new 类型；$$

delete 语法格式：

$$delete 指针名；$$

② 对于数组的申请，语法格式如下。

new 语法格式：

$$类型* 指针名 = new 类型［数组元素个数］；$$

delete 语法格式：

$$delete ［］数组指针名；$$

【例 2-5】C++ 动态分配内存演示例子。动态申请一个整型变量和一个整数数组。

程序编写步骤：使用 Visual Studio 2022 创建新的控制台项目。将 Hello World 代码用以下代码替代。

```
#include <iostream>
using namespace std;
int main()
{
    int * p = new int;  //动态申请一个整型变量
    *p = 5;
    *p = *p + 10;
    cout << "p = " << p << endl;
    cout << " * p = " << *p << endl;
    delete p;          //释放变量内存

    p = new int[10];  //动态申请一个有 10 个元素的整型数组
    for (int i=0; i<10; i++){
        p[i] = i + 1;
```

```
        cout << "p[" << i << "] = " << p[i] << endl;
    }
    delete[] p;   //释放数组内存

    return 0;
}
```

编译，运行，得到图 2-12 中的结果。

图 2-12 【例 2-5】运行结果

2.5　函数新特性

C++相对于 C 语言增加了不少函数新特性。本节主要介绍内联函数、函数后置返回类型（C++11 标准）、引用参数和函数重载。

2.5.1　inline 内联函数

内联函数是 C++中的一种特殊函数，它可以像普通函数一样被调用，但是在调用时并不通过函数调用的机制，而是通过将函数体直接插入调用处来实现的，这样可以大大减少由函数调用带来的开销，从而提高程序的运行效率。一般来说 inline 用于定义某些短小并将被频繁调用的函数。只需在函数定义前加 inline 关键字就可以把函数定义为内联函数。编译器会在编译阶段对内联函数进行处理。通过 inline 关键字声明内联函数只是对编译器的建议，具体有没有真正内联，还要看编译器。内联函数的优点是：利用得好，程序性能会提高。但也有缺点，如果利用得不好，会造成代码臃肿，程序可读性变差。

内联函数的定义方法为：

inline 返回值类型　函数名（函数参数）{
　　//此处定义函数体
　　　　}

下面的例子定义了一个通过输入圆柱底面半径 r 和圆柱高度 h 求体积的内联函数。

```
inline double Volume(double r, double h){
    double Sd/ * 底面积 * /, V/ * 体积 * /;
    Sd = PI * pow(r,2);
    V = Sd * h;
    return V;
}
```

2.5.2　函数后置返回类型

C 语言和 C++98 中，函数的返回类型都写在函数的前面。C++11 增加了一种函数后置返回类型。

一个普通前置返回类型的函数的形式为：

返回类型 函数名 （参数列表）

可改写成：

auto 函数名 （参数列表） -> 返回类型

例如下面的函数：

```
void func(int a, int b);
```

可改写成：

```
auto func(int a, int b) -> void;
```

2.5.3　引用参数

"引用"是某一个变量或对象的别名。对引用的操作与对其所绑定的变量或对象的操作完全等价。

定义一个引用的语法格式为：

类型 & 引用名 = 目标变量名；

构建一个变量 a 的引用 b，对引用 b 的操作会同样作用在变量 a 上。例如：

```
double a = 10.3;
double &b = a;
b = b + 10;
cout << "a = " << a << ", b = "  << b << endl;
```

编译运行，会发现输出结果是 "a=20.3, b=20.3"。因为 b 是 a 的引用，b 增加了 10，a 当然也增加了 10。

引用常常会用作函数的参数，以实现函数参数传值。

我们学习 C 语言时知道，C 语言的函数参数有两种：传值参数与传址参数。**传值参数**是指使用普通变量作为函数的参数。函数调用时，发生的数据传递是单向的，只能把实参的值传递给形参，而不能把形参的值反向地传递给实参。所以，在函数调用过程中，形参的值发生改变并不会影响实参。**传址参数**则是把变量的指针作为函数的参数。函数调用时，指针指向的地址被传递到形参，指针指向的地址本身当然不会发生变化，但如果函数执行过程中指针指向的内存或变量发生变化，这个变化就能保留下来，可实现形参影响实参。

我们写程序时经常需要让形参影响实参。要达到这样的目的，可以使用传址参数。但使用指针形式的传址参数会使程序可读性和调试的方便性降低。为此，C++增加了一种**引用参数**，即函数参数不使用普通变量，也不使用指针，而使用引用。因为改变引用就是改变原变量，因此引用参数也能实现形参影响实参。为了体会传值参数、传址参数、引用参数的区别，来看下面的例子。

【例 2-6】阅读程序，判断每个 swap 函数是否能实现变量 x 和 y 数值的对换。

程序编写步骤如下。

① 使用 VC6 创建新的控制台工程，步骤见【例 2-2】。

② 用以下代码代替原来的代码。

```
# include <iostream.h>
void swap1(int a, int b);
void swap2(int * pa, int * pb);
void swap3(int &a, int &b)

int main()
{
    int x=3, y=5;
    cout<<"Before swap: x=" << x << ",y=" << y << endl;
    swap1(x,y);        //句(1)
    //swap2(&x,&y);    //句(2)
    //swap3(x,y);      //句(3)
    cout<<"After swap: x=" << x << ",y=" << y << endl;
    return 0;
}
//传值参数
void swap1(int a, int b)
{
    int t;
    t = a;
    a = b;
    b = t;
}
//传址参数
void swap2(int * pa, int * pb)
{
    int t;
    t = * pa;
    * pa = * pb;
    * pb = t;
}
//引用参数
```

```
void swap3(int &a, int &b)
{
    int t;
    t = a;
    a = b;
    b = t;
}
```

③ 思考 x 和 y 数值是否能对换。编译，运行，发现运行结果如图 2-13(a) 所示。实验证明使用传值参数不能将 x 和 y 数值对换。

④ 注释掉句 (1)，改用句 (2)，思考 x 和 y 数值是否能对换。编译，运行，发现运行结果如图 2-13(b) 所示。实验证明使用传址参数能够将 x 和 y 数值对换。对比 swap1() 和 swap2() 的代码，显然 swap2() 没有 swap1() 容易读懂。

⑤ 注释掉句 (2)，改用句 (3)，思考 x 和 y 数值是否能对换。编译，运行，发现运行结果如图 2-13(c) 所示。实验证明使用引用参数能够将 x 和 y 数值对换。swap3() 的代码和 swap1() 的同样简单易懂。

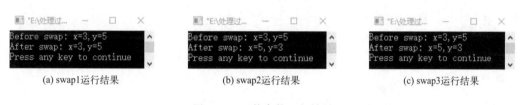

(a) swap1运行结果　　　　　　(b) swap2运行结果　　　　　　(c) swap3运行结果

图 2-13　函数参数运行结果

在 swap1() 中虽然进行了数值的置换，但是并没有影响到 main() 中的变量 x、y。因为在 swap1() 中只是传入 main() 中的变量 x、y 的值，函数中的变量 a、b 与变量 x、y 所占用的地址不一样，对变量 a、b 进行操作并不会影响到变量 x、y。

而在 swap2() 中传入的是变量 x、y 的地址，swap2() 直接交换了变量 x、y 地址中所存储的值，所以 swap2 函数能交换成功 x、y。

在 swap3() 中传入的是变量 x、y 的引用参数，引用参数 a、b 就是 x、y 本身，对引用参数 a、b 的操作当然也即是对 x、y 的操作，所以 swap3() 也能成功交换 x、y。

为了加深对以上三小节内容的理解，下面再举一个综合的例子。

【例 2-7】编写一个求圆柱体表面积和体积的程序，要求：

① 求体积的函数 Volume () 为内联函数和后置返回类型；

② 求面积的函数 Area () 除了返回表面积外，还要返回底面积和侧面积。

分析：要使函数变成内联函数，只需使用 inline 关键字即可。要使函数变为后置返回类型，则只需按后置类型的格式编写。而要使函数有三个返回值（表面积、底面积、侧面积），这是无法做到的，因为函数只能有一个返回值。但可以让表面积作为函数的返回值，底面积和侧面积使用引用参数来取得如同返回值一样的效果。

程序编写步骤：使用 VS2022 创建新的控制台项目，把代码更改或替换成如下。注意黑色加粗的词语是实现题目要求的关键词语。

```
#include "math.h"
#include <iostream>
using namespace std;
const double PI = 3.1215926535;
//函数声明
double Area(double r, double h, double& Sd/* 底面积 */, double& Sc/* 侧面积 */);
auto Volume(double r, double h) -> double;
//主函数
int main()
{
    double radius, height, areaSurface, areaBottom, areaSide;
    cout << "请输入圆柱半径:";
    cin >> radius;
    cout << "请输入圆柱高度:";
    cin >> height;
    areaSurface = Area(radius, height, areaBottom, areaSide);
    cout << "圆柱表面积=" << areaSurface << endl;
    cout << "圆柱底面积=" << areaBottom << endl;
    cout << "圆柱侧面积=" << areaSide << endl;
    cout << "圆柱体积=" << Volume(radius, height) << endl;
    return 0;
}
//函数定义
double Area(double r, double h, double & Sd/* 底面积 */, double& Sc/* 侧面积 */)
{
    double S/* 表面积 */;
    Sd = PI * pow(r, 2);
    Sc = 2 * PI * r * h;
    S = Sc + 2 * Sd;
    return S;
}
//函数定义
inline auto Volume(double r, double h) -> double
{
    double Sd/* 底面积 */, V/* 体积 */;
    Sd = PI * pow(r, 2);
    V = Sd * h;
    return V;
}
```

编译，运行。程序运行结果如图 2-14 所示。

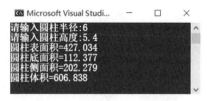

图 2-14　【例 2-7】运行结果

2.5.4　函数重载

我们在平时写代码中会用到几个函数，它们的实现功能相同，但是有些细节却不同。例如求绝对值，在 C 语言中有以下函数。

```
int abs(int x);                    //求整数的绝对值
long labs(long);                   //求长整数的绝对值
double fabs(double x);             //求 double 小数的绝对值
float fabsf(float x);              //求 float 小数的绝对值
double cabs(struct complex z);     //计算复数的绝对值
```

用户（使用这些函数的程序员）需把每个函数名都记住，这显然很麻烦。用户能不能只需记一个函数，就能使用所有功能呢？于是 C++ 提出了用一个函数名定义多个函数的方法，这就是**函数重载（overload）**。C++ 允许在同一作用域中声明几个类似的同名函数，这些同名函数的形参列表（参数个数、类型和顺序）必须不同，常用来处理实现功能类似数据类型不同的问题。

【例 2-8】编写程序，使用函数重载的方法，用一个函数名实现上述 C 语言的多个求绝对值函数。

程序编写步骤：使用 VC6 创建新的控制台项目，把代码更改或替换成如下。

```cpp
# include "stdafx.h"
# include "math.h"


//整数版本
int MyAbs(int x)
{   return x>0? x:-x;   }


//长整数版本
__int64 MyAbs(__int64 x)
{
    if(x>=0)  return x;
    else   return -x;
}


//双精度小数版本
double MyAbs(double x)
{   return sqrt(x * x);   }
```

```
//单精度小数版本
float MyAbs(float x)
{    return (float)sqrt(x * x);  }

//复数版本
double MyAbs(_complex c)
{    return sqrt(c.x * c.x + c.y * c.y);  }


int main()
{

    printf("|-5| = % d\n", MyAbs(-5));
    printf("|-50000000000| = % I64d\n",MyAbs(-50000000000));
    printf("|-8.0000000009| = %.10f\n", MyAbs(-8.0000000009));
    printf("|-8.9| = % f\n", MyAbs(-8.9));
    _complex a;
    a.x = 10;  a.y = 10;
    printf("|(10,10)| = % f\n", MyAbs(a));
    return 0;
}
```

编译，运行。程序运行结果如图 2-15 所示。

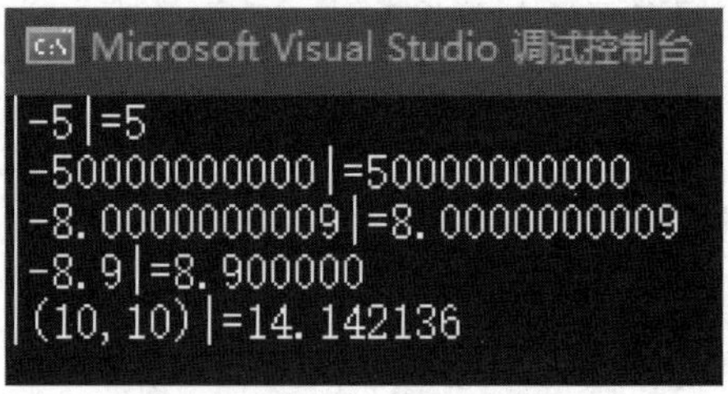

程序实现了一个 MyAbs 函数，并对其进行了五个版本的重载。函数调用时怎么知道应该调用哪个版本呢？方法是通过实参进行匹配。因为五个版本的 MyAbs() 的形参列表都是各不相同的，因此编译器会找到与实参完全匹配的那个进行调用。

现在来思考两个问题。

思考 1：尝试分析以下两种情况，是否构成函数的重载？

第一种情况：

① void output();

② int output();

第二种情况：

① void output(int a,int b=5);

② void output(int a);

答案是：第一种情况只有返回值不同，参数列表却相同，不构成函数的重载。因为构成重载的条件必须为参数列表不同。第二种情况的问题则比较隐蔽。两个函数的参数列表不同，从语法上看，它们构成了函数的重载。如果程序中只写了两个函数的定义，还没有在 main() 中调用它们，编译器是可以编译通过的。如果 main() 中调用了①，不使用默认参数，如 output(3, 8)，也能编译通过。但如果是如 output(3) 的调用，编译就出错了，编译器会提示有歧义性错误。因为编译器无法识别它到底应该是采用默认参数值的①还是②。因此这种情况中②实际上是不能使用的，而只能使用写满两个参数的①。

图 2-15 【例 2-8】运行结果

思考 2：尝试修改【例 2-6】，函数 swap1()、swap2()、swap3() 是否可以修改为同名重载函数？

这个问题留给读者自行思考和尝试。

2.6　异常

2.6.1　C++ 异常处理

异常就是程序运行时出现的不正常情况，例如运行时耗尽了内存、遇到意外的非法输入、遇到了除以零等情况。异常存在于程序的正常功能之外，程序需要立即处理。如果不处理，程序将不能继续正常执行的事件，甚至会崩溃。C++提供了处理异常的机制，这涉及三个关键字：try、catch、throw。其语法格式为：

```
try {
    // 保护代码。正常情况下程序会执行完这里的代码。
    ……
    // 但遇到异常(出错)情况时抛出异常。
    throw……
}catch( ExceptionName e1 )  {
    // catch 块。如果上面抛出的异常是 e1 类型,执行该段。
}catch( ExceptionName e2 )  {
    // catch 块。如果上面抛出的异常是 e2 类型,执行该段。
}
……
catch( ExceptionName eN )  {
    // catch 块。如果上面抛出的异常是 eN 类型,执行该段。
}
catch(…)
    // catch 块。(…)表示如果异常不是以上列出的所有类型,执行该段。
}
```

注：以上每个 catch 段皆为可选。

try、catch、throw 关键字的含义如下。

try：用于把可能产生异常的代码段包含在一起。它后面通常跟有一个或多个 catch 块。

catch：用于把专门处理异常的代码段包含起来。

throw：用于在问题出现时抛出一个异常。

【例 2-9】一个捕捉除数为 0 的处理异常的程序。

程序编写步骤：使用 VS2022 创建新的控制台应用，把代码修改或替换成如下。

```
# include <iostream>
using namespace std;

double division(double a, double b)
{
    if (b == 0){
```

```
        throw "Error: Division by 0!";   //被 0 除时抛出异常
    }
    return (a * 1.0 / b);
}


int main()
{
    double x, y;
    double z = 0;
    try {
        cout << "请输入两个数:\nx=";
        cin >> x;
        cout << "y=";
        cin >> y;
        z = division(x, y);
        cout << z << endl;
    }
    catch (const char * msg) {
        cerr << msg << endl;
    }
    return 0;
}
```

编译，运行。用键盘输入两个数，回车后屏幕会输出它们的商值，看起来很正常。但如果第二个输入的数是 0 的话，例如输入"x＝20，y＝0"，程序就不能正常执行了。由于预计到了这个问题，因此，在 division() 中发现第二个数是 0 的时候，就抛出一个异常。这时，division() 中 throw 语句后面的语句就不再执行了。返回到主函数 main()，main() 中 division 语句之后的语句也不执行了，

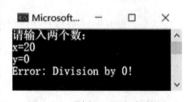

图 2-16　【例 2-9】运行结果

程序跳到 catch 段，执行里面的代码来处理异常。本程序没有做其他处理，只是把异常信息输出到屏幕上，得到如图 2-16 的结果。

2.6.2　C++ 标准异常

C++提供了一系列标准的异常，定义在＜exception＞中，可以在程序中使用这些标准的异常。它们是以父子类层次结构（图 2-17）组织起来的。

图 2-17 中各种异常的意义见表 2-2。

表 2-2　图 2-17 中各种异常的描述

异常	描述
std::exception	该异常是所有标准 C++异常的父类
std::bad_alloc	该异常可以通过 new 抛出
std::bad_cast	该异常可以通过 dynamic_cast 抛出

续表

异常	描述
std::bad_exception	这在处理 C++ 程序中无法预期的异常时非常有用
std::bad_typeid	该异常可以通过 typeid 抛出
std::logic_error	理论上可以通过读取代码来检测到的异常
std::domain_error	当使用了一个无效的数学域时,会抛出该异常
std::invalid_argument	当使用了无效的参数时,会抛出该异常
std::length_error	当创建了太长的 std::string 时,会抛出该异常
std::out_of_range	该异常可以通过方法抛出,例如 std::vector 和 std::bitset<>::operator[]()
std::runtime_error	理论上不可以通过读取代码来检测到的异常
std::overflow_error	当发生数学上溢时,会抛出该异常
std::range_error	当尝试存储超出范围的值时,会抛出该异常
std::underflow_error	当发生数学下溢时,会抛出该异常

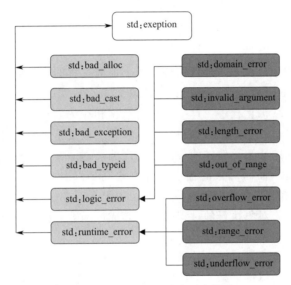

图 2-17 C++标准异常层次结构

思考与练习

1. 简述命名空间的作用。

2. 简述 auto 关键字在 C++98 和 C++11 标准中的不同。

3. 简述传址参数、传值参数、引用参数的异同。

4. 简述 C++的异常处理机制。

5. 使用范围 for 语句编写一个程序,实现一个数组的求和。

6. 仿照【例 2-7】编写一个程序,求圆锥体的表面积和体积,要求同【例 2-7】。

7. 利用函数重载实现三个比较大小的 compare 函数,供主函数调用。三个 compare 函数分别可以处理两个整数、两个字符、两个字符串的比较。比较规则如下。

(1) 若两个整数比较:返回数值较大的那个数。

(2) 若两个字符比较:返回 ASCII 码值较大的那个字符。

(3) 若两个字符串比较:从前到后比较每个字符的 ASCII 码值,先找到更大值字符的那个字符串为更大。返回这个字符串。

第3章 类和对象

对于程序设计和软件开发，当今有两种方式：面向过程的程序设计方式和面向对象的程序设计方式（object-oriented programming，OOP）。

面向过程（也称"结构化程序设计"）是将数据和算法分开的程序设计方式，其中算法只是规定了函数数据接口，这些数据接口经过运算后会被更新。面向过程的方式是指以程序操作过程或者以函数为中心编写软件的方法。程序的数据通常存储在变量中，与这些过程是分开的。与之不同的是，面向对象的程序设计方式则是以对象为中心。一个对象（object）就是一个程序实体，它将数据和程序在一个单元中组合起来。对象的数据项，也称为其属性，存储在成员变量中。对象执行的过程被称为其成员函数。面向对象的程序设计方式更接近人类对客观世界的认识和思考方式。

面向过程的程序设计方式对于软件开发人员来说已经历史悠久了。然而后来，随着程序变得越来越复杂，软件规模越来越大，面向过程的方式渐渐变得力不从心。于是，面向对象的语言和方式便发展起来，并在今天变成了主流的软件开发方法。

类是面向对象的计算机语言的核心特性。研究者们在 C 语言的基础上增加了类，从而产生了 C++语言。C++的类具有封装性（encapsulation）、继承性（inheritance）和多态性（polymorphism）。C 语言是面向过程的计算机语言，而上面这些特性使得 C++变成了面向对象的计算机语言。本章将介绍类和对象及相关概念和使用方法。

3.1 类和对象

类是世界或思维世界中的实体在计算机中的反映，它把数据以及对这些数据上的操作封装在一起，构成一种数据类型。对象是具有类类型的变量。类和对象是面向对象编程技术中的最基本的概念。

3.1.1 类和对象的定义

（1）从结构体说起

先来考虑用结构体描述一个学生信息，参考【例 2-3】，代码如下。

```
struct student{    //结构体定义
    char  name[30], num[10];
    char  sex;
    int   age;
    float MathScore, EnglishScore, PoliticsScore;
};
```

在【例 2-3】中，为了计算学生的平均分，结构体外部有一个函数。

```
float Average(struct student stu){
    return (stu. MathScore + stu. EnglishScore + stu. PoliticsScore) / 3;
}
```

现在考虑：能不能将 Average 函数放在结构体内部呢？这样使得用户看到结构体的时候就知道有这个针对结构体计算平均分的函数。答案是可以的，编译和运行都与【例 2-3】没有任何不同。

```
struct student{    //结构体定义
    char  name[30], num[10];
    char  sex;
    int   age;
    float MathScore, EnglishScore, PoliticsScore;
    float Average(){    //不再需要参数
        Return (MathScore + EnglishScore + PoliticsScore) / 3;
    }
};
```

并且可以把 struct 关键词替换成一个新的关键字——class，即变成如下代码。

```
class student     //类的定义
{
public:
    char  name[30], num[10];
    char  sex;
    int   age;
    float MathScore, EnglishScore, PoliticsScore;
    float Average(){    //不再需要参数
        Return (MathScore + EnglishScore + PoliticsScore) / 3;
    }
}
```

这样，结构体就变成了"类"。

（2）类和对象的定义

参考上面例子，就可以引出类和对象的定义。

类，是一种封装了物体各种属性（成员变量）和方法（成员函数）的数据类型。而对象，则是由"类"这种数据类型定义出来的"变量"，或称类的实例。

举个简单例子，使用前述 student 类定义两个学生对象，以及一个对象的指针。

```
student stu1, stu2;      //student 为类,stu1、stu2 为对象
student * pStu;
```

再举一个例子，使用类的方法定义一个圆柱类。

```
class Cylinder
{
public:
    double x, y, r, h;        //底面圆的圆心坐标、半径、圆柱高
    double Area(double& Sd, double& Sc); //函数声明
    inline double Volume()    //求体积    //内联函数
    {  return  3.1415926 * r * r * h;  }
};

//函数定义写在类外部
double Cylinder::Area(double & Sd/ * 底面积 * /, double& Sc/ * 侧面积 * /)
{
    double S/ * 表面积 * /;
    Sd = 3.1415926 * pow(r, 2);
    Sc = 2 * 3.1415926 * r * h;
    S = Sc + 2 * Sd;
    return S;
}
```

上面的 Cylinder 类有两个成员函数：求面积的 Area（）和求体积的 Volume（）。其中 Volume（）写在了类定义的内部，大多数编译器会把它们处理为**内联函数**。而 Area（）则写在了类定义的外部。实际上，我们平时写代码时，更多的成员函数会写在外部。注意写在类外部的成员函数必须有 Cylinder::来表明该函数的归属。运算符::称为**域运算符**。内联函数与写在外部的普通函数相比，内联函数在编译时会进行优化处理，在程序执行时速度会更快。但编译器要求内联函数的语句要尽量少和简单，否则编译器会把这个内联函数当成普通函数来编译和执行。而函数写在类定义的外部，则会使得类的定义短小精简，程序可读性会得到提高。

3.1.2 对象的访问

程序中访问对象有以下两种方法。

（1）使用点号运算符

格式：

对象名称 . 成员名称

例如以下例子。

```
Cylinder c1;
c1. x = 10; c1. y = 20; c1. r = 5; c1. h = 8;
double volume_c1 = c1. Volume();
```

上例中的代码使用上节圆柱体类声明了一个对象，对对象中的成员变量赋值并调用了计算体积的成员函数。

（2）使用箭头运算符

格式：

对象指针->成员名称

例如上面的例子可以改成使用指针来访问成员变量和函数。

```
Cylinder c2,* p;
p = &c2;
p->x = 25; p->y =15; p->r = 8; p->h = 6;
double volume_c2 = p->Volume();
```

【例 3-1】使用类来表达，并且使用对象来计算表面积与体积。

```
# include <iostream>
using namespace std;
const double PI=3.1215926535;


class Cylinder
{
public:
    double x, y, r, h;          //底面圆的圆心坐标、半径、圆柱高
    double Area(double& Sd, double& Sc);
    inline double Volume() {  return  3.1415926 * r * r * h; }
};


double Cylinder::Area(double & Sd/ * 底面积 * /,double& Sc/ * 侧面积 * /)
{
    double S/ * 表面积 * /;
    Sd = PI * r * r;
    Sc = 2 * PI * r * h;
    S = Sc + 2 * Sd;
    return S;
}


int main()
{
    Cylinder c1;
    double   volume;
    double area_surface, area_bottom, area_side;
    //对象使用. 运算符访问成员
    c1.x = 10;   c1.y = 20;
    c1.r =  5;   c1.h =  8;
    volume = c1.Volume();
```

```
        area_surface = c1. Area(area_bottom, area_side);
        cout << "圆柱 c1 的体积为" << volume << "，底面积为" << area_bottom
                            << "，表面积为" << area_surface << endl;
        Cylinder c2, * p；
        p = &c2;
        //指针使用->运算符访问成员
        p->x = 25;       p->y =15;
        p->r =  8;       p->h = 6;
        volume = p->Volume();
        area_surface = p->Area(area_bottom, area_side);
        cout << "圆柱 c2 的体积为" << volume << "，底面积为" << area_bottom
                            << "，表面积为" << area_surface << endl;
        return 0;
    }
```

3.1.3 访问特性

细心的读者也许已注意到，以上类定义的例子中，有个结构体没有的关键字：public，这是什么呢？其实，这是规定类外部对类内成员变量和成员函数的访问权限的关键字。现介绍如下。

public：公有访问特性。对于有此特性的成员变量和成员函数，代码在该类内部和外部都能访问。

private：私有访问特性。对于有此特性的成员变量和成员函数，只有该类内部的代码才能访问，外部的代码不能访问。

举例说明：

```
class A
{
public:
    int a;
private:
    int b;
public:
    A() {}
}
void main()
{
    A myA;
    myA. a = 1;    //主函数可访问对象的公有成员,此句正确
    myA. b = 2;    //此句编译出错,编译提示私有成员不能访问
}
```

顺便说明，如果成员变量和成员函数没有用访问特性的关键字限定，类会默认把它们当作 private 访问特性，而结构体则会把它们当成 public 访问特性。

3.1.4　this 指针

对于每一个对象，都可以通过一个特殊的指针来访问自己的地址，这个就是 this 指针。this 指针是一个隐含的指针，它指向对象本身，代表了对象的地址。

对象调用成员函数时，成员函数除了接收实参外，还接收到了一个对象的地址。这个地址被一个隐含的形参 this 指针所获取。所有对数据成员的访问都隐含地被加上前缀 this->。例如，语句"x=0;"等价于"this->x=0"。

例如，继续思考上小节的例子，现在增加一个带参数的重载构造函数。

```cpp
class A
{
public:
    int a;
private:
    int b;
public:
    A() { }
    A(int a, int b) {
        a = a;  //(1)
        b = b;  //(2)
        // this->a=a;  //(3)
        // this->b=b;  //(4)
    }
    print()
    { cout<<"a="<<a<<",b="<<b<<endl; }
};
void main(){
    A  myA;
    myA.a = 1;       //√
    //myA.b = 2;     //×
    myA.print();
    A myA2(1, 2);   //(5)
    myA2.print();
}
```

上例中，主函数中语句（5）需要实现一个带参数的构造函数。考虑构造函数中的语句（1）和（2）能否让成员变量 *a* 和 *b* 成功赋值？实际上是不能的，因为参数名和成员变量名恰好相同了。然而，语句（3）和（4）却可以做到，它们使用了 this 指针。

3.2　构造函数和析构函数

类中有两种特殊的成员函数：构造函数与析构函数。它们有着特殊的用途。

3.2.1 构造函数

类的构造函数是类的一种特殊的成员函数，它会在每次创建类的新对象时执行。构造函数的名称与类的名称是完全相同的，并且不会返回任何类型，也不会返回 void。构造函数可用于为某些成员变量设置初始值，一般不在构造函数内声明变量。

构造函数有以下特点：

① 构造函数是对象被定义时自动被调用的函数（在创建对象时由系统自动调用，程序中不能直接调用）；

② 构造函数与类名相同；

③ 构造函数无返回值；

④ 构造函数可以有多个，即可以重载；

⑤ 如果代码中没有定义构造函数，C++会提供一个默认的构造函数。

【例 3-2】继续改写【例 3-1】，使用构造函数进行初始化。

```cpp
#include <iostream>
using namespace std;
const double PI=3.1215926535;
class Cylinder
{
public:
    double  x, y, r, h; //底面圆心坐标、圆半径、圆柱高
    Cylinder()          //构造函数
    { x = 0; y = 0; r = 1; h = 1; }
    Cylinder(double x0,double y0,double r0,double h0) //重载构造函数
    { x = x0; y = y0; r = r0; h = r1; }
    inline double Volume() { return  3.1415926 * r * r * h; }
    double Area(double & Sd/* 底面积 */, double& Sc/* 侧面积 */) {
        double S/* 表面积 */;
        Sd = PI * r * r;
        Sc = 2 * PI * r * h;
        S = Sc + 2 * Sd;
        return S;
    }
};

int main()      //主函数
{
    Cylinder c1;  //自动调用构造函数
    double   volume;
    double   area_surface, area_bottom, area_side;
    volume = c1.Volume();
    area_surface = c1.Area(area_bottom, area_side);
```

```
        cout << "圆柱 c1 的体积为" << volume << ",底面积为" << area_bottom
            << ",表面积为" << area_surface << endl;
        Cylinder c2(10,10,5,4);  //自动调用带参数的构造函数
        Cylinder * p;
        p = &c2;
        volume = p->Volume();
        area_surface = p->Area(area_bottom, area_side);
        cout << "圆柱 c2 的体积为" << volume << ",底面积为" << area_bottom
            << ",表面积为" << area_surface << endl;
        return 0;
    }
```

以上程序中，对象成员变量的初始化都在构造函数中进行。程序的执行结果如图 3-1。

图 3-1 【例 3-2】程序的执行结果

3.2.2 析构函数

类的析构函数也是类的一种特殊的成员函数，它会在每次删除所创建的对象时执行。析构函数的名称与类的名称是完全相同的，只是在前面加了个波浪号（~）作为前缀，它不会返回任何值，也不能带有任何参数。析构函数有助于在跳出程序（比如关闭文件、释放内存等）前释放资源。

析构函数是对象被注销时自动调用的一个成员函数。例如，考虑圆柱类中加一个"名字"属性，用字符指针记录（动态申请字符串）。当对象被注销时（例如程序退出），可以利用析构函数来对该指针进行清理。

析构函数有如下的作用和特点：

① 析构函数不带参数；

② 常用来做清理变量、释放内存的工作。

例如，在【例 3-2】中加入名字属性和析构函数，类的代码修改为：

```
# include <iostream>
using namespace std;
const double PI = 3.1215926535;
class Cylinder
{
public:
    double  x, y, r, h;      //底面圆心坐标、圆半径、圆柱高
    char * pName;            //名字属性
    Cylinder(){
```

```cpp
        x = 0; y = 0; r = 1; h = 1;
        pName = new char[10];
        strcpy(pName, "No name");
    }
    Cylinder(double x0, double y0, double r0, double h0,
            const char * pGivenName){
        x = x0; y = y0; r = r0; h = r0;
        int length = strlen(pGivenName);
        pName = new char[length+1];
        strcpy(pName, pGivenName);
    }
    ~Cylinder() {     //析构函数
        delete[] pName;
        cout << "已清理 pName"<< endl;
    }
    inline double Volume() {return  3.1415926 * r * r * h;}
    double Area(double & Sd, double& Sc)
    {double S; Sd=PI * r * r; Sc=2 * PI * r * h; S=Sc+2 * Sd; return S;}
};
int main()    //主函数
{
    Cylinder c1;   //自动调用构造函数
    double   volume;
    double   area_surface, area_bottom, area_side;
    volume = c1. Volume();
    area_surface = c1. Area(area_bottom, area_side);
    cout << "圆柱" << c1.pName << "的体积为" << volume << ",底面积为"
        << area_bottom << ",表面积为" << area_surface << endl;
    Cylinder   c2(10,10,5,4, "Cylinder C2"); //自动调用带参数的构造函数
    Cylinder   *p;
    p = &c2;
    volume = p->Volume();
    area_surface = p->Area(area_bottom, area_side);
    cout << "圆柱" << p->pName << "的体积为" << volume << ",底面积为"
        << area_bottom << ",表面积为" << area_surface << endl;
    return 0;
}
```

以上背景色为深灰色的代码是新添加的。程序中注意析构函数～Cylinder( ) 的使用。
程序运行结果如图 3-2。

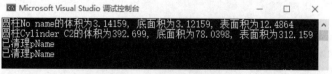

图 3-2　程序运行结果

3.3　常成员与静态成员

用 const 关键字限定成员，该成员就被定义为常成员。常成员包括常成员函数和常数据成员。

3.3.1　常成员函数

由 const 修饰符修饰的成员函数称为常成员函数。在常成员函数中不得修改类中的任何数据成员的值。定义常成员函数的语法格式如下。

类型说明符　函数名（参数表）const

常成员函数有以下特点：

① 不修改对象数据成员的成员函数才能声明为 const 函数；

② 构造函数和析构函数不能声明为 const；

③ 只有常成员函数可以操作常对象。

例如，继续修改【例 3-2】圆柱体例子，在圆柱体类中加入一个打印参数的常成员函数。

```
void ReportParmeter() const {
    cout << "圆柱的坐标为(" << x << "," << y  << "),半径为" << r
        << ",高度为" << h << endl;
}
```

在主函数 main（）中就可以调用该函数进行输出打印。该函数不对任何成员变量进行修改。若在该函数中对类的成员变量进行赋值修改，将会产生编译错误，这样就严谨地避免了对类中成员变量的误修改。

3.3.2　常数据成员

对不应该被修改的数据成员声明为 const，可使其受到强制保护，初始化方式与一般数据成员不同。定义常数据成员的语法格式为：

const　数据类型　变量名；

常数据成员必须在构造函数初始化列表进行初始化，并且不能被更新。例如，继续修改【例 3-2】，把 PI 变成常数据成员，在圆柱体类中添加：

```
const double Pi;　//将 PI 声明为常数据成员
```

并在构造函数中对其进行初始化。

```
Cylinder() : Pi(3.1415926535) { //通过初始化列表的方式进行常数据成员初始化
    x = 0; y = 0; r = 1; h = 1;
    pName = new char[10];
    strcpy(pName, "No name");
}
```

```
Cylinder(double x0, double y0,  double r0,  double h0,
        const char * pGivenName) : Pi(3.1415926535){
    x = x0; y = y0; r = r0; h = r0;
    int length = strlen(pGivenName);
    pName = new char[length+1];
    strcpy(pName, pGivenName);
}
```

程序还需要把 Area () 和 Volume () 中的 PI 改成 Pi，此处代码从略，详见后文【例 3-3】。

3.3.3　静态数据成员

在类中可使用 static 关键字定义静态成员。静态成员的提出是为了解决数据共享的问题，它比全局变量在实现数据共享时更为安全，是实现同类多个对象数据共享的好方法。在类中，分为静态数据成员和静态函数。

静态成员不属于类变量，而属于类本身，故静态成员的数据空间固定，且在定义时就会为其分配，在使用类声明任意数量的类变量时，不会为静态成员新分配空间，变量释放时也不会释放静态成员。任意数量变量使用同一静态成员，任一类变量修改其静态成员的值，本质上都是在修改属于类本身静态成员的值。

定义静态数据成员的语法格式为：

static　数据类型　变量名；

其初始化的语法格式为：

数据类型　类名::静态数据成员 = 值

静态数据成员有以下特点：

① 静态成员是类的成员，被所有对象所共享，在内存中只存储一次；

② 定义或说明时前面加关键字 static；

③ 初始化在类外进行，不加 static 和访问特性修饰符。

例如，继续修改【例 3-2】，增加一个统计当前有多少个圆柱体的成员变量。

首先要理清思路：不同对象之间（例如圆柱体 c1 和 c2 之间）信息应该相通，它们应该共用一个统计变量，因此需要静态数据成员。所以在圆柱类中增加以下代码。

```
static int  n;
```

首先需要对 n 进行初始化。在主函数 main () 的外部添加代码。

```
int Cylinder::n=0;
```

构造函数会在新建圆柱体对象时被调用，这时，对 n 进行计数增加。

```
Cylinder(): Pi(3.1415926535)  {
    x = 0; y = 0; r = 1; h = 1;
    pName = new char[10];
    strcpy(pName, "No name");
    n++;    //新声明一个圆柱体对象时,统计数字加 1
}
```

```
Cylinder(double x0, double y0,  double r0,  double h0,
        const char * pGivenName) : Pi(3.1415926535) {
  x = x0; y = y0; r = r0; h = r0;
  int length = strlen(pGivenName);
  pName = new char[length+1];
  strcpy(pName, pGivenName);
  n++;    //新声明一个圆柱体对象时,统计数字加 1
}
```

而析构函数会在圆柱体对象释放时被调用，这时，应对 n 进行计数减少。

```
~Cylinder()  {
    delete [] pName;   //new 出来的东西需要在程序结束前 delete
    n--;  //消除一个圆柱体对象时,统计数字减 1
    cout << "已清理 pName。目前剩"<< n << "个圆柱" << endl;
}
```

这样，就可以实现圆柱体的计数。完整代码参见下文【例 3-3】。

3.3.4 静态成员函数

静态成员函数是类的成员函数，而非对象的成员，它不属于类的某个对象，其定义和调用的语法格式如下。

定义格式：

static   返回类型   函数名（参数表）

静态函数调用形式：

类名∷静态成员函数名(参数表)

我们已经了解，对非静态数据成员，是通过对象引用的。而对静态数据成员，则是直接引用的。例如，继续修改【例 3-2】，要增加一个显示圆柱体面积和体积计算公式的函数 ShowFormula（），如何做呢？

首先也是应该理清思路：这些计算公式是通用知识，无论程序中有没有创建圆柱体对象，这些知识都已经存在，这个 ShowFormula（） 函数都应能调用，因此，可考虑用静态成员函数。所以，在圆柱体类中添加以下代码。

```
static void ShowFormula(){
    cout << "圆柱面积公式:A=2πr^2+2πrh;" << endl
         << "圆柱体积公式:V=πhr^2;" << endl;
}
```

并在主函数开始时，增加以下语句对该静态函数进行调用。

```
Cylinder∷ShowFormula();  //注意这时候还没声明圆柱体对象
```

运行时就可以看到公式在屏幕上输出。

【例 3-3】继续修改【例 3-2】，增加以下功能：①增加一个打印圆柱体各参数的常成员函数；②把 PI 改为常数据成员；③对程序中的圆柱体对象进行计数；④增加一个显示面积和体积公式的常成员函数。

程序代码如下。

```cpp
#include <iostream>
using namespace std;
//删除 const double PI=3.1215926535;
class Cylinder
{
public:
    double   x, y, r, h;      //底面圆心坐标、圆半径、圆柱高
    char     * pName;         //名字属性
    const    double Pi;       //将 PI 声明为常数据成员
    static   int n;           //当前程序里有多少个圆柱体对象

    Cylinder(): Pi(3.1415926535) {   //通过初始化列表的方式进行常数据成员初始化
        x = 0; y = 0; r = 1; h = 1;
        pName = new char[10];
        strcpy(pName, "No name");
        n++;   //新声明一个圆柱体对象时,统计数字加 1
    }
    Cylinder(double x0, double y0, double r0, double h0,
            const char * pGivenName) : Pi(3.1415926535) {
        x = x0; y = y0; r = r0; h = r0;
        int length = strlen(pGivenName);
        pName = new char[length+1];
        strcpy(pName, pGivenName);
        n++;   //新声明一个圆柱体对象时,统计数字加 1
    }
    ~Cylinder() {
        n--;   //消除一个圆柱体对象时,统计数字减 1
        delete[] pName;   //用 new 创建出来的变量需要在程序结束前 delete
        cout << "已清理 pName。目前剩"<< n << "个圆柱" << endl;
    }
    double Area(double &Sd, double &Sc);          //函数声明
    inline double Volume() {return Pi * r * r * h;}   //内联函数
    void ReportParmeter() const {
        cout << "圆柱的坐标为("<< x  <<"," << y <<"),半径为" << r
            <<",高度为" << h <<"。目前共有" << n << "个圆柱" << endl;
    }
    static void ShowFormula() {
        cout << "圆柱面积公式:A=2πr^2+2πrh;" << endl
            << "圆柱体积公式:V=πhr^2;" << endl;
    }

};
```

```
double Cylinder::Area(double & Sd/ * 底面积 * /, double & Sc/ * 侧面积 * /) {
    double S/ * 表面积 * /;
    Sd = Pi * r * r;
    Sc = 2 * Pi * r * h;
    S = Sc + 2 * Sd;
    return S;
}


int Cylinder::n=0;   //注意静态数据成员的初始化


int main(int argc, char * argv[])     //主函数
{
    Cylinder::ShowFormula();   //注意这时候还没声明圆柱体对象
    Cylinder c1;
    double  volume;
    double  area_surface, area_bottom, area_side;
    c1.x = 10; c1.y = 20; c1.r = 5; c1.h = 8;
    cout << "c1:";
    c1.ReportParmeter();
    volume = c1.Volume();
    area_surface = c1.Area(area_bottom, area_side);
    cout << "圆柱 c1 的体积为" << volume << ",底面积为" << area_bottom
        << ",表面积为" << area_surface << endl;

    Cylinder c2, * p;
    p = &c2;
    p->x = 25; p->y =15; p->r = 8; p->h = 6;
    cout << "c2:";
    p->ReportParmeter();
    volume = p->Volume();
    area_surface = p->Area(area_bottom, area_side);
    cout << "圆柱 c2 的体积为" << volume << ",底面积为" << area_bottom
        << ",表面积为"
        << area_surface
        << endl;

    return 0;
}
```

编译，运行。程序的运行结果如图 3-3 所示。

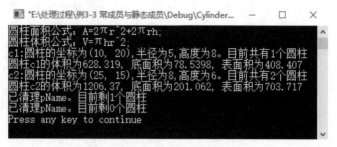

图 3-3 【例 3-3】程序运行结果

3.4 友元函数

回顾一下 3.1.3 小节中"访问特性"的相关内容可知，类外部的函数不可访问类/对象的私有成员，但有时候又有必要突破这种限制。对此，C++提供了一种友元函数，可以在外部访问类/对象的私有成员。友元函数是指某些虽然不是类成员却能够访问类的所有成员的函数。类授予它的友元特别的访问权。

友元函数的定义格式为：

friend　返回类型　函数名（参数列表）

【例 3-4】友元函数示例：定义一个点类，并用友元函数计算点间距离。

```cpp
# include <iostream>
# include <math.h>
class Cpoint
{
private：
    int X,Y;
public：
    CPoint(int x, int y){X=x; Y=y;}
    void print();
    friend double dist(CPoint &a, CPoint &b); //友元函数声明。计算距离函数
};
void Cpoint::print(){
    cout<<"X="<<X<<" Y=" <<Y <<endl;
}
double dist(CPoint &a, CPoint &b) {   //友元函数函数体。前面不能再加 friend
    int dx=a.X-b.X;     //从外部访问私有成员
    int dy=a.Y-b.Y;
    return sqrt(dx * dx+dy * dy);
}

void main(){
    CPoint p1(3,4),p2(6,8);
```

```
    p1.print();
    p2.print();
    double d = dist(p1,p2); //友元不是成员函数,不需对象表示,直接调用
    cout<<"Distance is "<<d<<endl;
}
```

3.5 继承和派生

3.5.1 继承和派生的概念

保持已有类的特性而构建新类的过程称为**继承**,在已有类的基础上新增自己的特性而产生新类的过程称为**派生**,被继承的已有类称为**基类(父类)**,派生出的新类称为**派生类(子类)**。

在 C++语言中,一个派生类(或称子类)可以从一个基类(或称父类)派生,也可以从多个基类派生。从一个基类派生的继承称为单继承;从多个基类派生的继承称为多继承。

单继承的定义格式:

class 派生类名:继承方式 基类名

{

　　派生类新定义成员

};

多继承的定义格式为:

class 派生类名:继承方式 基类名 1,继承方式 基类名 2,……

{

　　派生类新定义成员

};

以一个校内人员的关系图可以更好地说明继承和派生的关系,如图 3-4 所示。

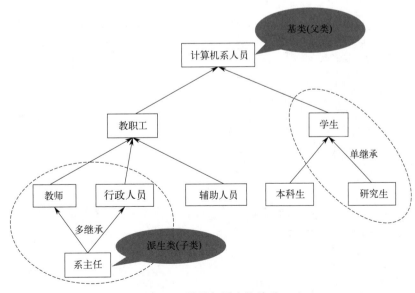

图 3-4 继承与派生的关系

其中，基类（父类）和派生类（子类）的概念是相对的，一个类在某层关系中是派生类，在另一层关系中又可以是基类。例如图 3-4 中的"学生"类，它的基类是"计算机系人员"类，但在下一层的关系中，它又是"本科生"类和"研究生"类的基类。

【例 3-5】用程序实现图 3-4 中的"计算机系人员"类"学生"类。

```cpp
# include <iostream>
# include <string. h>
using namespace std;
class CompuerPerson      //计算机系人员类
{
private:
    char m_sNo[15], m_sName[10];    //学号工号、姓名。匈牙利命名法
    char m_cSex;                    //性别。约定 m 代表男,f 代表女
    int   m_nAge;                   //年龄
public:
    CompuerPerson(const char * pNo, const char * pName, char cSex, int nAge)
    {
        strcpy_s(m_sNo,15,pNo);
        strcpy_s(m_sName,15,pName);
        m_cSex=cSex;
        m_nAge=nAge;
    }
    void Print()
    { cout<<m_sNo<<","<<m_sName<<","<<m_cSex<<","<<m_nAge<<"岁。";}
};


class CompStudent : public CompuerPerson //计算机系学生类
{
private:
    int   m_nClass;        //班级。基类没有的、新增加的属性
public:
    CompStudent(const char * pNo,const char * pName,char cSex,int nAge,int nClass)
            : CompuerPerson(pNo, pName, cSex, nAge){   //先调用父类的构造函数
        m_nClass = nClass;
    }
    void Print()  {
        CompuerPerson::Print();         //调用父类函数
        cout<<m_nClass<<"班。"<<endl;
    }
};


int main()
{
    CompStudent s("3020007348","张三",'m',20,3);
        s.Print();
        return 0;
}
```

编译，运行。程序运行截图如图 3-5 所示。

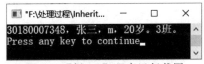

图 3-5 【例 3-5】程序运行截图

3.5.2 继承方式和访问特性

本小节将更详细地讨论继承方式与访问特性的问题。回顾一下 3.1.3 小节介绍"访问特性"的内容，那时讨论了 public（公有）和 private（私有）两种访问特性，但其实还有另一种访问特性：protected（受保护）。并且在继承和派生的过程中，成员的最终访问特性还会受到继承方式影响。

当某个类的成员最终的访问特性是 public、private、protected 时，程序中该类以外的代码访问它们的权限如下。

public：在类外部和子类中均可访问。

private：在类外部和子类中均不可访问。

protected：在类外部不可访问，在子类中可访问。

然而要注意，类成员最终是何种访问特性，是由本类对该成员的访问特性和对父类的继承方式共同决定的。决定的规则见表 3-1。

表 3-1 基类的访问特性、类的继承方式与子类的最终访问特性的关系

基类的访问特性	类的继承方式	子类的最终访问特性	外部访问权限	
			父	子
public	public	public	√	√
protected		protected	×	×
private		no access	×	×
public	protected	protected	√	×
protected		protected	×	×
private		no access	×	×
public	private	private	√	×
protected		private	×	×
private		no access	×	×

【例 3-6】分析和检验下列程序中的访问特性，并回答问题。

```cpp
# include <iostream>
class A
{
private:
    int k1;
protected:
    int n1;
public:
    A(){k1=10;n1=11;}
    void f1(){};
};
```

```
class B : public  A
{
private:
    int k2;
protected:
    int n2;
public:
    B(){k2=20;n2=21;}
    void f2(){};
};

class C : public  B
{
private:
    int k3;
protected:
    int n3;
public:
    C(){k3=30;n3=31;}
    void f3(){};
};

void main()
{
    A a;
    B b;
    C c;
}
```

回答以下问题。

① f2() 能否访问 f1()、k1、n1？

答：能访问 f1()、n1，不能访问 k1。

② main() 中 b 能否访问 f1()、k1、n1？

答：能访问 f1()，不能访问 k1 和 n1。

③ f3() 能否访问 f2()、k2 和 n2，以及 f1()、k1 和 n1？

答：能访问 f2() 和 n2，以及 f1() 和 n1，但不能访问 k1 和 k2。

④ c 能否访问 f2()、i2 和 n2，以及 f1()、j1 和 n1？

答：能访问 f2() 和 f1()，其他的都不能访问。

3.5.3　构造函数和析构函数

派生类的构造函数除了对自己的数据成员初始化外，还负责调用基类构造函数使基类的数据成员得以初始化，当对象被删除时，派生类的析构函数被执行，同时基类的析构函数也将被调用。

定义派生类构造函数的语法格式：

派生类名（派生类构造函数总参数表）：基类构造函数（参数表 1）

{

派生类中数据成员初始化

};

例如在【例 3-5】中计算机系学生类的构造函数如下。

```
CompStudent(char sNo[],char sName[],char cSex,int nAge,int nClass)
                : CompuerPerson(sNo, sName, cSex, nAge)
```

在编写派生类的构造函数和析构函数时，注意以下要点。

① 如果基类中有缺省的构造函数或没定义构造函数，则派生类构造函数的定义中可省略对基类构造函数的调用，而隐式调用缺省构造函数。

② 基类构造函数中，如果只有有参数的构造函数，则派生类构造函数中必须调用基类构造函数，提供将参数传递给基类构造函数的途径。

③ 派生类构造函数的调用顺序为先基类，后派生类。

④ 派生类析构函数的执行顺序为先派生类，后基类。

3.5.4　多继承

在前面的例子中，派生类都只有一个基类，为单继承。除此之外，C++也支持多继承，即一个派生类可以有两个或多个基类。但多继承容易让代码逻辑复杂、程序员容易出错，因此中小型项目中较少使用，而有些面向对象的语言，例如 Java、C♯、PHP 等干脆取消了多继承。

其实多继承的语法也很简单，将多个基类用逗号隔开即可。例如已声明了类 A、类 B 和类 C，那么可以这样来声明派生类 D：

class D：public A，private B，protected C

{

//类 D 新增加的成员

}

类 D 是多继承的派生类，它以公有的方式继承了类 A，以私有的方式继承了类 B，以保护的方式继承了类 C。类 D 根据不同的继承方式获取了类 A、B、C 中的成员，确定各基类的成员在派生类中的访问权限。

多继承派生类的构造函数和单继承类基本相同，只是要包含多个基类构造函数。如：

类 D 构造函数名（总参数表列）

：类 A 构造函数（实参表列），类 B 构造函数（实参表列），类 C 构造函数（实参表列）

{

新增成员初始化语句

}

各基类的排列顺序任意。

派生类构造函数的执行顺序同样为：先调用基类的构造函数，再调用派生类构造函数。

基类构造函数的调用顺序是按照声明派生类时基类出现的顺序。

【例3-7】下面定义了两个基类，ParentA 类和 ParentB 类，然后用多继承的方式派生出 Son 类。

```cpp
# include <iostream>
using namespace std;

//父类
class ParentA
{
protected:
    int a;
    int b;
public:
    ParentA (int, int);
};

ParentA::ParentA (int a, int b): a(a), b(b){}

//基类
class ParentB
{
protected:
    int c;
    int d;
public:
    ParentB(int, int);
};

ParentB::ParentB(int c, int d): c(c), d(d){}

//派生类
class Son : public ParentA, public ParentB
{
private:
    int e;
public:
    Son(int, int, int, int, int);
    void display();
};

Son::Son(int a, int b, int c, int d, int e):ParentA(a, b),ParentB(c, d), e(e){}

void Son::display()
{
```

```
        cout<<"a="<<a<<endl;
        cout<<"b="<<b<<endl;
        cout<<"c="<<c<<endl;
        cout<<"d="<<d<<endl;
        cout<<"e="<<e<<endl;
    }

int main(){
    (new Son(1,2,3,4,5)) -> display();
    return 0;
}
```

编译，运行结果如下。

a=1

b=2

c=3

d=4

e=5

从基类 ParentA 和 ParentB 继承来的成员变量，在 Son::display()中都可以访问。

需注意的是命名冲突的问题。当两个基类中有同名的成员时，就会产生命名冲突，这时不能直接访问该成员，需要加上类名和域解析符。如在基类 ParentA 和 ParentB 中都有成员函数 display()，那么应该像下面这样加上类名和域解析符，否则系统将无法判定到底要调用哪一个类的函数。

```
Son s;
s.ParentA::display();
s.ParentB::display();
```

另外更需注意的是多重继承的二义性问题。

多重继承可以反映现实生活中的情况，能够有效地处理一些较复杂的问题，使编写程序具有灵活性，但是多重继承也引起了一些值得注意的问题，它增加了程序的复杂度，使程序的编写和维护变得相对困难，容易出错。其中最常见的问题就是继承的成员同名而产生的二义性（ambiguous）问题。

如果类 A 和类 B 中都有成员函数 display 和数据成员 a，则类 C 是类 A 和类 B 的直接派生类。分别讨论下列 3 种情况。

（1）两个基类有同名成员

代码如下所示。

```
class A
{
public:
    int a;
    void display(){};
};
```

```
class B
{
public:
    int a;
    void display(){};
};

class C: public A, public B
{
public:
    int b;
    void show(){};
};
```

如果在 main 函数中定义类 C 对象 objC，并调用数据成员 a 和成员函数 display：

```
C objC;
objC. a=5;
objC. display();
```

由于基类 A 和基类 B 都有数据成员 a 和成员函数 display，编译系统无法判别要访问的是哪一个基类的成员，因此程序编译出错。那么，应该怎样解决这个问题呢？可以用基类名来限定。

```
objC. A::a=5;        //引用 cl 对象中的基类 A 的数据成员 a
objC. A::display();  //调用 cl 对象中的基类 A 的成员函数 display
```

（2）两个基类和派生类三者都有同名成员

将上面的类 C 声明改为：

```
class C : public A, public B
{
public:
    int a;
    void display(){};
};
```

main 函数中仍然有与上面相同的以下代码。

```
C objC;
objC. a=5;
objC. display();
```

此时，程序能通过编译，也可以正常运行。请问：执行时访问的是哪一个类中的成员？答案是：访问的是派生类 C 中的成员。规则是：基类的同名成员在派生类中被屏蔽，成为"不可见"的，或者说，派生类新增加的同名成员覆盖了基类中的同名成员。因此如果在定义派生类对象的模块中通过对象名访问同名的成员，则访问的是派生类的成员。请注意：不同的成员函数，只有在函数名和参数数量相同、类型相匹配的情况下才发生同名覆盖，如果只有函数名相同而参数不同，则不会发生同名覆盖，而属于函数重载。

（3）类 A 和类 B 是从同一个基类派生的

代码如下所示。

```
class N
{
public:
    int a;
    void display()
    { cout<<"A::a="<<a<<endl; }
};


class A : public N
{
public:
    int a1;
};


class B : public N
{
public:
    int a2;
};


class C : public A, public B
{
public:
    int a3;
    void show()
    {   cout<<"a3="<<a3<<endl; }
};


int main()
{
    C objC;    //定义 C 类对象 objC

    // 其他代码
}
```

在类 A 和类 B 中虽然没有定义数据成员 a 和成员函数 display，但是它们分别从类 N 继承了数据成员 a 和成员函数 display，这样在类 A 和类 B 中同时存在着两个同名的数据成员 a 和成员函数 display。它们是类 N 成员的拷贝。类 A 和类 B 中的数据成员 a 代表两个不同的存储单元，可以分别存放不同的数据。在程序中可以通过类 A 和类 B 的构造函数去调用基类 N 的构造函数，分别对类 A 和类 B 的数据成员 a 初始化。

是否能访问类 A 中从基类 N 继承下来的成员呢？显然不能。

```
objC. a = 5;
cl. display();
```

或者

```
objC. N::a = 5;
cl. N::display();
```

因为这样依然无法区别是类 A 中从基类 N 继承下来的成员，还是类 B 中从基类 N 继承下来的成员。应当通过类 N 的直接派生类名来指出要访问的是类 N 的哪一个派生类中的基类成员。如：

```
cl. A::a=3;          //要访问的是类 N 的派生类 A 中的基类成员
cl. A::display();
```

3.6 虚函数与多态性

3.6.1 多态性

在面向对象方法中，所谓多态性就是指不同对象收到相同消息，产生不同的行为。在 C++程序设计中，多态性是指用一个名字定义不同的函数，这些函数的执行不同但又有类似的操作，这样就可以用同一个函数名调用不同内容的函数。换言之，可以用同样的接口访问功能不同的函数，从而实现"一个接口，多种方法"。

C++的多态性有多种体现形式，包括函数重载、运算符重载和基于虚函数的多态性。其中函数重载在第 2 章已经介绍过，以下介绍运算符重载和基于虚函数的多态性。

3.6.2 运算符重载

运算符重载就是赋予已有的运算符多重含义，通过重新定义运算符使它能够用于特定类的对象以完成特定的功能。

【例 3-8】重载 "+" 运算，用以实现两个字符串的连接。

```
# include <iostream>
# include <string. h>
# include <stdio. h>
using namespace std;
class Str
{
private:
    char * s;
    int len;
```

```
public:
    Str() { }
    Str(char * s1) {
        len = (int)strlen(s1);
        s = new char[len];
        strcpy_s(s, len+1, s1);
    }
    void print() {
        cout << s << endl;
    }
    Str operator+(Str s1) {
        strcat_s(s, len+s1.len+1, s1.s);
        return s;
    }
};
int main() {
    char str1[100], str2[100];
    gets_s(str1);  gets_s(str2);
    Str s1(str1), s2(str2), s3;
    s3 = s1 + s2;
    s3.print();
    return 0;
}
```

编译，运行。在屏幕中输入两个字符串，就可以看到合并的字符串在屏幕中输出，如图 3-6 所示。

图 3-6 【例 3-8】运行结果

3.6.3 虚函数

虚函数是在某基类中声明为 virtual 并在一个或多个派生类中被重新定义的成员函数。虚函数是 C++多态性的最重要的形式。

定义虚函数的语法格式为：

virtual 类型说明符 函数名（参数表）

当父类定义了一个虚函数后，无论子类的定义中是否使用了 virtual 关键字，子类对该函数的重新定义都被当作虚函数。子类重新定义了父类的虚函数后，当父类对象的指针指向子类对象的地址时，父类指针根据赋予它的不同子类指针，动态地调用子类的该函数，而不是父类的函数，且这样的函数调用发生在运行阶段，而不是发生在编译阶段，这称为**动态联编**。

要实现动态联编，需满足以下条件：

① 基类中有声明的虚函数；

② 调用虚函数操作的只能是对象指针或对象引用，否则仍为静态联编。

【例 3-9】虚函数示例。

```cpp
# include <iostream>
using namespace std;
class Animal{
    public:
    void character()
    {cout<<"动物特征:不同.\n";}
    virtual void food()
    {cout<<"动物食物:不同.\n";}
};
class Giraffe : public Animal{
    public:
    void character()
    {cout<<"长颈鹿特征:长颈.\n";}
    virtual void food()
    {cout<<"长颈鹿食物:树叶.\n";}
};
class Elephant:public Animal{
    public:
    void character()
    {cout<<"大象特征:长鼻子.\n";}
    virtual void food()
    {cout<<"大象食物:草.\n";}
};
void f1(Animal * a){    //形式参数为基类指针
    a->character();
    a->food();
}
void f2(Animal & a){    //形式参数为基类引用
    a.character();
    a.food();
}
void f3(Animal a) {    //形式参数为基类对象
    a.character();
    a.food();
}
void main(){
    Giraffe g;
    f1(&g);        //实参为派生类对象的地址
    //f2(g);        //实参为派生类对象的引用
    //f3(g);        //实参为派生类对象
```

```
        Elephant e;
        f1(&e);          //实参为派生类对象的地址
        //f2(e);          //实参为派生类对象的引用
        //f3(e);          //实参为派生类对象
    }
```

在此程序中，food() 为虚函数，而 character() 不是。f1()、f2()、f3() 都通过基类调用了子类的 food() 和 character()，但有所不同，分别是通过指针、引用和对象来调用的。对此程序，分别进行如下尝试：

① 在 main() 中使用 f1() 函数，注释掉 f2() 和 f3()，即如上面代码显示的样子；

② 在 main() 中使用 f2() 函数，注释掉 f1() 和 f3()；

③ 在 main() 中使用 f3() 函数，注释掉 f1() 和 f2()。

编译，运行，看看三种情况会有什么不同？可以看到，三种情况的运行结果如图 3-7 所示。

(a) 使用f1()

(b) 使用f2()

(c) 使用f3()

图 3-7　三种情况的运行结果

从上述程序中可知：只有当虚函数操作的是指向对象的指针或是对象的引用时，对该虚函数调用采取的才是动态联编。

虚函数使用时需注意以下要点：

① 派生类中的虚函数应与基类中的虚函数具有相同的名称、参数数量及参数类型。

② 可以只将基类中的成员函数显式地说明为虚函数，而派生类中的同名函数也隐含为虚函数。

3.6.4　纯虚函数

纯虚函数是一种没有函数体的特殊虚函数，当在基类中不能对虚函数给出有意义的实现时，将其声明为纯虚函数，它的实现会留给派生类去做。

声明纯虚函数语法格式为：

virtual 类型 函数名（参数表）＝0；

例如，要把【例 3-9】中基类 Animal 的 food() 函数进行如下修改，它就变成纯虚函数。

```
virtual void food() = 0;
```

3.6.5　抽象类

抽象类是带有纯虚函数的特殊类，主要作用是将有关的子类组织在一个继承层次结构中，由它来为它们提供一个公共的根。

使用抽象类时，注意其以下特点：

① 只能用作其他类的基类，不能建立抽象类对象；

② 可说明抽象类指针和引用，指向其派生类，进而实现多态性；

③ 不能用作参数类型、函数返回类型或强制转换的类型。

【例 3-10】修改【例 3-9】，使 Animal 类成为抽象类。

```cpp
# include <iostream>
using namespace std;
class Animal{
    public:
    virtual void character() = 0;    //纯虚函数
    virtual void food() = 0;          //纯虚函数
};
class Giraffe : public Animal{
    public:
    void character(){cout<<"长颈鹿特征:长颈.\n";}//无 virtual 关键字,但仍为虚函数
    virtual void food() {cout<<"长颈鹿食物:树叶.\n";}
};
class Elephant : public Animal{
    public:
    void character(){cout<<"大象特征:长鼻子.\n";}//无 virtual 关键字,但仍为虚函数
    virtual void food()  {cout<<"大象食物:草.\n";}
};
void main(){
    //Animal a; //不正确,抽象类不能声明对象
    Giraffe g;
    g.character();
    g.food();
    Elephant e, * p;
    p = &e;
    p->character();
    p->food();
}
```

编译，运行。运行结果如图 3-8 所示。

图 3-8 【例 3-10】运行结果

3.6.6　再说面向对象

本书在第 1 章就介绍了面向过程和面向对象的概念，本章一开始也从这方面开始论述。通过本章的论述，知道了面向对象的程序设计方式有三大特征，封装性、继承性和多态性。这三大特征，C++语言全都具备。其中 3.1～3.3 节讲述的是 C++类的封装性，3.5 节介绍了 C++类的继承性，3.6 节则介绍了 C++类的多态性。

对于一种计算机语言，如果封装性、继承性和多态性都不具备，那它只能作为**面向过程**的语言。Basic、Fortran、Pascal 以及 C 语言都是典型的面向过程的计算机语言。而有的语言能使用类，能满足封装性，但它的类不能实现继承和多态，这样的语言被称为**基于对象**的语言。Visual Basic 就是一种典型的基于对象的计算机语言，JavaScript 一般也被认为是一种基于对象的语言。只有封装性、继承性和多态性在计算机语言中全部实现，这种计算机语言才是**面向对象**的语言。C++、Java、C♯、Python 都是典型的面向对象的语言。

思考与练习

1. 设计一个矩形（Rect）类，具有长、宽属性，类还具有求解并显示矩形的周长和面积的功能以及求两个矩形面积和的功能（提示：实现该功能时，用对象作参数）。

2. 设计一个字符串（MyString）类，除具有一般的输入和输出字符串的功能外，还要求具有计算字符串长度、连接两个字符串等功能。

3. 设计一个 Person 类，具有数据成员：姓名、年龄，其访问特性为 protected。再创建两个类 Student 和 Teacher，都是从 Person 类私有继承过来的，其中 Student 类增加班级和学号，Teacher 类增加工号和教龄。分别输入两名学生和两位教师的相应信息，并在屏幕上输出。

4. 定义一个汽车（Vehicle）类（写成抽象类），其数据成员有车轮个数（wheels）和车重（weight）；再定义一个派生类卡车（Truck）类，包含新的数据成员载重量（payload）及成员函数载重效率。其中：载重效率＝载重量/（载重量＋车重）。

类名	数据成员		成员函数	
	名称	含义	名称	功能
Vehicle	wheels	车轮个数	Vehicle	初始化数据成员
	weight	车重	getwheels、getweight	分别获得各数据成员值
			print	输出各数据成员值
Truck	wheels	基类 Vehicle 类成员	Truck	初始化数据成员的值（通过调用基类的构造函数初始化基类成员）
	payload	载重量	efficiency	求卡车的载重效率
			print	输出数据成员的值（通过调用基类的 print 函数输出基类成员的值）

5. 构造一个日期时间（Timedate）类，数据成员包括年、月、日和时、分、秒，函数成员包括设置日期时间和输出时间，其中年、月用枚举类型，并完成测试（包括用成员函数和用普通函数）。

6. 定义一个日期（Date）类，具有年、月、日等数据成员，显示日期、加减天数等函数成员。注意需要考虑闰年。

7. 设计如下类。

（1）建立一个 Point 类，表示平面中的一个点；建立一个 Line 类，表示平面中的一条线段，内含两个 Point 类的对象；建立 Triangle 类，表示一个三角形，内含三个 Line 类的对象构成一个三角形。

（2）设计三个类的对应的构造函数、复制构造函数，完成初始化和对象复制。

（3）设计 Triangle 类的成员函数，完成三条边是否能构成三角形的检验和三角形面积计算，面积显示。

8. 建立一个分数（Franction）类。分数类的数据成员包括分子和分母。成员函数包括构造函数、复制构造函数。构造函数要对初始化数据进行必要的检查（分母不能为 0）。将分数显示成"a/b"形式的输出函数。成员函数包括约分、通分、加、减、乘、除、求倒数、比较大小、显示和输入。完成以上所有成员函数并在主函数中进行检验。

9. 编写一个程序，输入 N 个学生数据，包括学号、姓名、成绩，输出这些学生数据并计算平均分。

（1）设计一个学生（Student）类，除了包括学号、姓名和成绩数据成员外，还要有两个静态变量分别存放总分和人数。

（2）有两个普通成员函数 SetData() 和 Disp()，分别用于给数据成员赋值和输出数据成员的值。另有一个静态成员函数 Avg()，用于计算平均分。

（3）在 main() 函数中定义一个对象数组用于存储输入的学生数据。

10. 有一个学生（Student）类，包括学生姓名、成绩，要求：

（1）设计一个友元函数 compare()，比较两个学生成绩的高低；

（2）在 main() 函数中定义一个对象数组用于存储输入学生的数据，并求出最高分和最低分的学生。

11. 编写程序，模拟银行账户功能。要求如下：属性、账号、储户、地址、存款余额、最小余额。方法有：存款、取款、查询。根据用户操作显示储户相关信息。如存款操作后，显示储户原有金额、今日存款数额及最终存款余额；取款时，若最后余额小于最小余额，拒绝收款，并显示"至少保留保留余额×××"。

12. 设计一个动物类，它包含动物的基本属性。例如名称、大小、重量等，并设计相应的动作，例如跑、跳、走等。

13. 编写一个程序，其中包含三个同名方法 mySqrt()，它们都只有一个参数，参数的类型分别为 int 型、float 型和 double 型，它们的功能均为返回参数的平方根，返回值的类型与参数的类型相同。在方法 main() 中调用上面的三个方法并输出结果。

14. 定义 boat 与 car 两个类，两者都有 weight 属性，定义两者的一个友元函数 total-weight()，计算两者的重量和。

15. 创建一个 Employee 类，该类中有字符数组，表示姓名、街道地址、市、省和邮政编码。把表示构造函数、changname()、display() 的函数的原型放在类定义中，构造函数初始化每个成员，display() 函数把完整的对象数据打印出来。其中的数据成员是保护的，函数是公有类型。其构造函数为接收一个指向完整姓名字符串的指针，其 display() 函数输出姓名。然后将 Employee 类中的姓名成员（字符数组）替换为 Name 类对象。

第 4 章　C++ 新增类型

在 C 语言中，对 int、char、bool、double 等这些基本数据类型已很熟悉，对结构体、共同体这样的复合数据类型也已掌握。而 C++ 语言又为程序员增加了一些新的数据类型，例如集合类数据类型和泛型。集合类数据类型包括字符串（string）、数组（array）、向量（vector）、列表（list）、队列（queue）、映射（map）等，泛型包括函数模板和类模板。本章以 string、vector 类型为例，介绍集合类型的使用，并介绍函数模板和类模板的使用。这些知识点与类相关，因而放在"第 3 章　类和对象"之后。

4.1　string 类型

学习 C 语言的时候知道，对于定长字符串（字符数组）我们使用 char 类型进行定义，例如：

```
char  str[15]="C++ Programe";
```

那对于变长字符串如何处理呢？本节将介绍 C++ 新增类型 string 对象。string 对象是 C++ 标准库提供的一种集合类型，专门用于记录和处理变长字符串。

4.1.1　定义与初始化

（1）定义

定义 string 对象的语法格式为：

string 对象名；

例如以下语句定义了一个名为 s1 的 string 对象：

```
string s1;
```

定义 s1 对象时，C++ 对 s1 对象进行了默认初始化，s1 定义出来之后是一个空串，即 s1=" "。

（2）初始化

string 对象的初始化有以下两种方式。

第一种，使用字符串常量进行初始化。例如以下语句对 s2、s3 初始化。

```
string s2 = "C++ Programe";
string s3("C++ Programe");
```

结果为 s2＝s3＝"C++ Programe"。

也可以使用其他字符串初始化。例如以下语句对 s4 初始化。

```
string s4 = s2;
```

结果为 s2＝s3＝s4＝"C++ Programe"。

第二种，使用单个字符初始化。例如以下语句对 s5 初始化。

```
string s5(8,'C');
```

结果为 s5＝"CCCCCCCC"。

4.1.2 string 对象的操作

string 实际上是一个类，它对字符串的操作通过其各个成员函数实现。

（1）判断 string 对象是否为空

判断 string 对象是否为空的函数为：

bool empty( )

若 string 对象为空则返回 true，非空则返回 false。

例如以下语句表示，若 s1 为空，则输出"s1 为空"。

```
if(s1.empty())
    cout<<"s1 为空"<<endl;
```

（2）检查字符串长度

即检查字符串中字符的数量。以下函数都会返回 string 对象字符的数量，执行效果相同。

unsigned int size( )

unsigned int length( )

例如以下语句对 s2 检查长度。

```
string s2 = "C++ Programe";
int n1 = s2.size();
int n2 = s2.Length();
```

n1 和 n2 的结果都为 12。

（3）取得字符串中某个字符

使用**运算符[ ]**可以取得字符串中的某个字母。

例如以下语句取得 s2 的第六个字符赋值给 c。

```
string s2 = "C++ Programe";
char c = s2[5];
```

结果 c 的值为'r'。注意，[ ] 内数字基于 0 开始算起。

（4）字符串的连接

使用**运算符＋**可以连接多个字符串。

例如以下语句通过连接 s1 和 s2，得到 s3。

```
string s1 = "I like ";
string s2 = "C++ programe.";
string s3;
s3 = s1 + s2;
```

结果 s3 为"I like C++ programe."。

（5）字符串的赋值

给字符串赋值使用**运算符＝**。相信读者对这个符号已经很熟悉了，在此提出来，主要是想提醒一下运算符＝与运算符＝＝的区别。

以下语句对 s4 进行赋值。

```
string s2 = "C++ Programe";
s4 = s2;
```

结果 s4＝s2＝"C++ Programe"。

（6）字符串的比较

字符串的比较使用**运算符＝＝**。

以下语句接字符串赋值的例子，将 s4 与 s2 进行比较。

```
if(s4 == s2)
    cout << "They are the same."<< endl;
else
    cout << "They are not the same."<< endl;
```

若 s4 与 s2 相同，则输出"They are the same."；若不相同，则输出"They are not the same."。

（7）输入与输出 string

使用**流符号**＜＜和＞＞读写 string。例如以下语句从键盘输入 s3 的字符串值，然后再把 s3 的值原样输出到屏幕上。

```
string s3;
cin >> s3;
cout << s3;
```

（8）转换为 C 语言风格字符串 char ＊

由于在 C 语言中没有 string 类型，为了与 C 语言兼容，必须通过 string 类对象的成员函数 c_str() 把 string 对象转换成 C 语言中的字符串样式。函数形式如下。

const char ＊ c_str()

c_str()函数返回一个指向正规 C 字符串的指针常量，内容与本 string 串相同。

例如以下语句将 string 对象 s2 转换成 C 语言中的字符串样式。

```
string s2 = "C++ programe.";
const char * str2 = s2.c_str();
```

（9）检索子串/字符的位置

检索子串/字符的位置有以下四个重载。

$$\text{size\_t find (const string\& s,size\_t pos = 0) const;}$$
$$\text{size\_t find (const char * s,size\_t pos = 0) const;}$$
$$\text{size\_t find (const char * s,size\_t pos,size\_t n) const;}$$
$$\text{size\_t find (char c,size\_t pos = 0) const;}$$

它们的功能都是从 pos 位置起，往后查找 n 个字符，找到子串 s 或字符 c 第一次匹配的位置。size_t 为 unsigned int。例如以下代码在 string 对象中查找字符'r'和字符串"am"的位置。

```
string s2 = "C++ programe.";
size_t pos1 = s2.find('r');
size_t pos2 = s2.find("am",4);
```

结果 pos1＝5，pos2＝9。

（10）其他常用函数

除以上介绍的重要函数外，string 对象还有很多其他常用函数，见表 4-1。

表 4-1   string 对象其他常用函数

函数	功能
＝,assign()	赋以新值
swap()	交换两个字符串的内容
＋＝,append(),push_back()	在尾部添加字符
insert()	插入字符
erase()	删除字符
clear()	删除全部字符
replace()	替换字符
＋	连接字符串
==,! =,<,<=,>,>=,compare()	比较字符串
size(),length()	检查字符串长度,返回字符数量
max_size()	返回字符的可能最大数量
empty()	判断字符串是否为空
capacity()	返回重新分配之前的字符容量
reserve()	保留一定内存以容纳一定数量的字符
[ ],at()	存取单一字符
＞＞,getline()	从 stream 读取某值
＜＜	将某值写入 stream
copy()	将某值赋值为一个 C 语言字符串
c_str()	将内容以 C 语言字符串形式返回
data()	将内容以字符数组形式返回
substr()	返回某个子字符串
find()	查找子串或字符位置
begin() end()	提供类似 STL 的迭代器支持
rbegin() rend()	逆向迭代器
get_allocator()	返回配置器

4.2　vector 类型

vector 向量是 C++标准库提供的一种集合类型，是一个封装了动态大小数组的顺序容器。与任意其他类型容器一样，它能够存放各种类型的对象。可以简单地认为，vector 是一个能够存放任意类型的动态数组。

4.2.1　定义与初始化

（1）定义

定义 vector 对象的格式为：

vector<类型> 对象名

例如以下语句定义了一个名为 v1 的 vector 容器/数组对象，容器内每个元素都为整数。

```
vector<int> v1;
```

以下语句定义了一个名为 v2 的 vector 容器/数组对象，容器内每个元素都为整型指针。

```
vector<int *> v2;
```

以下语句定义了一个名为 v3 的 vector 容器/数组对象，容器内每个元素都为 string 字符串。

```
vector<string> v3;
```

以下语句定义了一个名为 v4 的 vector 容器/数组对象，容器内每个元素都为 student 对象（假定 student 是前面定义的结构体或者类）。

```
vector<student> v4;
```

以下语句定义了一个动态二维向量。注意这里最外侧的<>要有空格，否则在比较旧的编译器下无法通过。

```
vector< vector< int> > v5;
```

（2）初始化

vector 对象常用的初始化有以下四种方式。

① 默认初始化。例如以下语句定义了一个整型向量集合，默认初始化为空集 v1={}，然后用 pushback 函数在集合末尾添加值。

```
vector<int> v1;
v1.pushback(1);
v1.pushback(2);
```

程序执行结果为 v1={1,2}。

② 复制的初始化。例如以下语句通过复制的初始化方式把 v1 的所有元素复制给了 v2 和 v3，即 v2 和 v3 也为{1,2}。

```
vector<int> v2(v1);
vector<int> v3=v1;
```

③ 列表的初始化。例如以下语句通过列表的初始化的方法对 vNames1 进行初始化。注意这个方法在 C++11 之前不能采用。

```
vector<string> vNames1={"Tom","Mike","John"};
```

④ 指定元素数量的初始化。例如以下语句通过指定元素数量的初始化方法，把 v4 初始化为{8,8,8,8,8}，把 vNames2 初始化为{"Tom","Tom","Tom"}。

```
vector<int> v4(5,8);
vector<string> vNames2(3,"Tom");
```

以下语句指定元素数量为 5 个，每个元素默认初始化为 0，即 v5 为{0,0,0,0,0}。

```
vector<int> v5(5);
```

以下语句指定元素数量为 3 个，每个元素默认初始化为""。

```
vector<string> vNames3(3);
```

4.2.2　vector 对象的操作

vector 实际上也是一个类，它对其向量数据的操作也是通过其各个成员函数实现的。

（1）判断 vector 对象是否为空

判断 vector 对象是否为空的函数为：

bool empty( )

若为空则返回 true，非空则返回 false。

例如以下语句表示，若 v1 为空，则输出"v1 为空"。

```
if(v1.empty())
    cout<<"v1 为空"<<endl;
```

（2）检查 vector 的长度

以下函数可以检查 vector 的长度。

unsigned int size( )

例如以下语句对 vNames1 进行检查长度。

```
vector<string> vNames1 = {"Tom","Mike","John"};
int n = vNames1.size();
```

执行结果是 n=3。

（3）取得向量集合中某个元素

使用**运算符** [] 可以取得向量集合中的某个元素。注意，[] 内数字基于 0 开始。

例如以下语句取得 vText 的第三个值赋给字符串 s。

```
vector<string> vText = {"I","like","C++","Programe"};
string s = vText[2];
```

执行结果是 s＝"C++"。

（4）在末尾增加、删除元素，清空向量

在末尾增加元素使用以下函数。

void push_back(const T& x)

在末尾删除元素使用以下函数。

void pop_back( )

清空向量使用以下函数。

void clear( )

例如以下语句定义并初始化了字符串向量集合 vNames1，然后用 push_back( ) 函数在集合末尾添加值。

```
vector<string> vNames1 = {"Tom","Mike","John"};
vNames1.push_back("Jack");
vNames1.push_back("Peter");
```

这时 vNames1 为{"Tom","Mike","John","Jack","Peter"}。

接下来用 pop_back( ) 函数删除集合末尾的元素。

```
vNames1.pop_back();
```

这时 vNames1 为{"Tom","Mike","John","Jack"}。

接下来用 clear()函数清空向量。

```
vNames1.clear();
```

这时 vNames1 变为 {}。

（5）vector 的赋值

vector 的赋值使用**运算符＝**。

例如以下语句将 v1 的值赋给 v2。

```
vector<int> v1 = {1,2,3,4};
vector<int> v2;
v2 = v1;
```

（6）vector 的比较

vector 的比较使用**运算符＝＝**。

例如以下语句接 vector 赋值的例子，对 v2 的值进行修改。

```
v2[1] = 3;
v2[2] = 2;
```

此时 v2 为{1,3,2,4}。再将 v1 与 v2 进行比较。

```
if(v1 == v2)        //比较
        cout << "They are the same."<< endl;
else
        cout << "They are not the same."<< endl;
```

若 v1 与 v2 相同则输出"They are the same."，否则输出"They are not the same."。

（7）其他常用函数

除以上介绍的重要函数外，vector 对象还有很多其他常用函数，见表 4-2。

表 4-2　vector 对象其他常用函数

函数	功能
push_back	在数组的最后添加一个数据
pop_back	去掉数组的最后一个数据
[]，at	得到编号位置的数据
begin	得到数组头的指针
end	得到数组的最后一个单元＋1 的指针
front	得到数组头的引用
back	得到数组的最后一个单元的引用
max_size	得到 vector 最大可以是多大
capacity	当前 vector 分配的大小
size	当前使用数据的大小
resize	改变当前使用数据的大小,如果它比当前使用的大,则填充默认值
reserve	改变当前 vector 所分配空间的大小
erase	删除指针指向的数据项
clear	清空当前的 vector
rbegin	将 vector 反转后的开始指针返回（其实就是原来的 end-1）
rend	将 vector 反转后的结束指针返回（其实就是原来的 begin-1）
empty	判断 vector 是否为空
swap	与另一个 vector 交换数据

至此，我们介绍了 string、vector 两种集合类数据类型。但实际上，C＋＋还有数组（array）、列表（list）、队列（queue）、映射（map）等多种集合类数据类型。这些集合类型的定义和使用与 string 和 vector 有很多相似之处，但篇幅所限，本章不能全部介绍，读者可上 Standard C＋＋网站自行查阅学习。下面将转到集合类型的遍历，即迭代器主题。

4.3　迭代器

4.3.1　迭代器简介

迭代器（iterator）是一种用于检查容器内元素并遍历元素的数据类型。

首先来对比一下几种遍历方法。

（1）传统循环方法

```
vector<int> v={1,2,3,4,5};
for(int i=0; i<v.size(); i++)
    cout << v[i] << endl;
```

当用传统循环方法对 string、vector 类型进行遍历的时候需要用到 [] 运算符，但是除了 string、vector 外，C＋＋还有 array、list、map、deque 等多个集合类，这些集合类不支持 [] 运算符，怎么办？

（2）范围 for 方法

```
vector<int> v={1,2,3,4,5};
for(auto i : v)
cout << i << endl;
```

这就是简化的循环写法。从 v 的 int 型数组中依次将值赋值给 i，将 i 带入 for 语句代码块中执行。

（3）迭代器方法

可以通过以下语句简单了解一下迭代器方法的使用。

```
vector<int> v = { 1,2,3,4,5 };
vector<int>::iterator i;
for (i=v.begin(); i! =v.end(); i++)
    cout << *i << endl;
```

至此，可以进一步考虑范围 for 的本质是什么？其实答案就是迭代器。

4.3.2　迭代器的定义与使用

（1）迭代器的定义

每种容器类型其实都定义了自己的迭代器类型。

例如以下语句定义了迭代器 iter1 的类型为 vector<int>::iterator。

```
vector<int>::iterator iter1;
```

再如以下语句定义了迭代器 iter2 的类型为 list<string>::iterator。

```
list<string>::iterator iter2;
```

（2）迭代器的使用

使用迭代器可以读取集合中的每一个元素。

```
vector<int> ivec(10,1);
for(vector<int>::iterator  iter=ivec.begin();  iter! =ivec.end();  ++iter){
    *iter=2;
}
```

在这里使用 * 访问迭代器所指向的元素。迭代器 iter 相当于一个指针变量。

注意：不可使用迭代器改变集合大小。

4.3.3　迭代器的操作

（1）正向迭代器与 begin()、end()

使用 begin() 函数返回一个迭代器，指向集合的第一个元素。使用 end() 函数返回一个迭代器，指向集合的最后一个元素的后面。例如：

```
vector<int> v = {1,2,3};
vector<int>::iterator iter;   //定义正向迭代器
for (iter=v.begin(); iter! =v.end(); iter++){
    * iter * = 2;   //每个元素变为原来的 2 倍
    cout << * iter << endl;
}
```

执行结果如图 4-1 所示。

（2）反向迭代器与 rbegin()、rend()

使用 rbegin() 函数返回一个反向迭代器，指向集合的最后一个元素。使用 rend()函数返回一个反向迭代器，指向集合的第一个元素的前面。例如：

```
vector<int> v = { 1,2,3 };
vector<int>::reverse_iterator riter; //定义反向迭代器
for (riter = v.rbegin(); riter ! = v.rend(); riter++){
    * riter * = 2;    //每个元素变为原来的 2 倍
    cout << * riter << endl;
}
```

执行结果如图 4-2 所示。

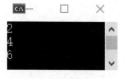

图 4-1 迭代器与 begin()、end()

图 4-2 迭代器与 rbegin()、rend()

（3）移动迭代器 const _ iterator 与 cbegin()、cend()

const_iterator：这个迭代器可以移动位置，但不允许改变迭代器指向的元素的值。

使用 cbegin() 会返回一个 const_iterator，指向集合的第一个元素。使用 cend() 会返回一个 const_iterator，指向集合的最后元素的后面。例如：

```
vector<int> v = {1,2,3};
vector<int>::const_iterator iter;
for (iter=v.cbegin(); iter! =v.cend(); iter++){
    // * iter * = 2;   //这句就不能有了,否则会编译出错
    cout << * iter << endl;
}
```

执行结果如图 4-3 所示。

图 4-3 const_iterator 与 cbegin()、cend() 执行结果

（4）迭代器的运算

总结一下迭代器的运算，见表 4-3。

表 4-3　迭代器的运算

运算符	功能
*	取值
++	让迭代器指向下一个容器元素
--	让迭代器指向上一个容器元素
=	赋值
== 、! =	判断两个迭代器是否指向同一个元素
<、>、<=、>=	判断一个迭代器是否比另一个更前或更后

4.3.4　综合举例

【例 4-1】读入学生成绩数据文件，显示成汇总表格。

```cpp
#include <fstream>
#include <string>
#include <vector>
#include <iostream>
using namespace std;

struct Student
{
    string   sName;
    float    fChineseMark, fEnglishMark, fMathMark;
}

int main()
{
    string   sHeadInfo;
    Student stu;
    vector<Student> vStudents;

    ifstream   infile("StudentMark.txt",ios::in | ios::binary);
    if (! infile){
        cout << endl << "Error when open input file. " << endl;
        return -1;
    }
    //跳过第一行表格头部
    if (! infile.eof())
        getline(infile,sHeadInfo);
    while (! infile.eof()){ //一直读到文件结尾才结束
        infile >> stu.sName;
        infile >> stu.fChineseMark >> stu.fEnglishMark >> stu.fMathMark;
```

```
                vStudents.push_back(stu);
    }
    //显示数据
    cout << sHeadInfo << endl;
    //使用了 const_iterator 遍历
    for (auto iter = vStudents.cbegin(); iter < vStudents.cend(); iter++){
        cout << (*iter).sName << '\t';          //演示用 . 访问元素中的数据
        cout << iter->fChineseMark << '\t';     //演示用-> 访问元素中的数据
        cout << iter->fEnglishMark << '\t';
        cout << iter->fMathMark << endl;
    }
    infile.close();
    return 0;
}
```

执行结果如图 4-4 所示。

图 4-4   【例 4-1】执行结果

4.4　模板与泛型

4.4.1　概述

在平时写代码中常会用到一些函数，它们的实现功能相同，但是有些细节却不同。例如求绝对值，在 C 语言中有以下函数：

int abs（int x）；   //求整数的绝对值

long labs（long）；   //求长整数的绝对值

double fabs（double x）； //求 double 小数的绝对值

float fabsf（float x）；   //求 float 小数的绝对值

而 C++允许在同一作用域中声明几个类似的同名函数，这些同名函数的形参列表（参数数量、类型、顺序）必须不同，常用来处理实现功能类似、数据类型不同的问题。这就是第 2 章介绍过的"函数重载"。让我们一起回顾一下【例 2-8】。

函数重载（Overload）：用一个函数名定义多个函数。

在【例 2-8】中，使用函数重载的方法，用一个函数名实现前述 C 语言的各个求绝对值函数，代码如下。

```
# include "math. h"
int MyAbs(int x){    //整数版本
     return x>0? x:-x;
}
__ int64 MyAbs(__ int64 x){    //长整数版本
    if(x>=0)  return x;
    else   return -x;
}
double MyAbs(double x){    //双精度小数版本
    return sqrt(x * x);
}
float MyAbs(float x){    //单精度小数版本
    return (float)sqrt(x * x);
}
int main(){
    printf("|-5| = % d\n",MyAbs(-5));
    printf("|-50000000000| = % I64d\n",MyAbs(-50000000000));
    printf("|-8.0000000009| = %.10f\n",MyAbs(-8.0000000009));
    printf("|-8.9| = % f\n",MyAbs(-8.9));
    return 0;
}
```

【例 2-8】运行结果如图 4-5 所示。

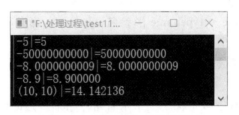

图 4-5　【例 2-8】运行结果

上述例子可见，使用函数重载，可以使得这套函数库的客户（即使用这套函数库的程序开发人员）更方便使用，他们只需记一个绝对值函数。但是开发这套函数库的人员还是觉得很麻烦，虽然每个重载函数的逻辑都一样，但他们不得不为每种类型的参数都写一个函数。

那么有没有让开发这套函数库的人员也觉得方便的方法呢？有，答案就是使用模板。

模板是 C++ 支持参数化多态的工具，使用模板可以让用户为类或者函数声明一种一般模式，使得类中的某些数据成员或者成员函数的参数、返回值取得任意类型。

模板有两种形式，即函数模板和类模板。函数模板针对仅参数类型不同的函数，类模板针对仅数据成员和成员函数类型不同的类。

C++ 里面说的函数模板和类模板，也叫泛型编程，是独立于任何特定类型的编程模式。

【例 4-2】使用函数模板的方法，用一个函数名实现前述 C 语言的各个求绝对值函数。

```
# include <iostream>

template<typename   T>
double MyAbs(T a){
    if (a < 0)
        return sqrt(-1 * a) * sqrt(-1 * a);
    else
        return sqrt(a * a);
}

int main(){
    printf("|-5|= %.1f\n",MyAbs(-5));
    printf("|-50000000000|= %.1f\n",
                    MyAbs(-50000000000));
    printf("|-8.0000000009|= %.10f\n",
                    MyAbs(-8.0000000009));
    printf("|-8.9|= %.1f\n",MyAbs(-8.9));
    return 0;
}
```

4.4.2　函数模板

定义函数模板的格式如下：

template <**typename 形参名,typename 形参名,......**>
返回类型 函数名(参数列表){
　　函数体
　　　}

例如以下语句使用函数模板定义了一个求直角三角形斜边的函数。

```
template<typename   T>
double hypo(T a,T b){       //求斜边的函数,a、b为两个直角边
    return sqrt(a * a + b * b);
}
```

下面用一个例子展示一下函数模板的使用方法。

【例 4-3】使用函数模板的方法，实现一个求直角三角形斜边的函数。

```
# include <iostream>
using namespace std;

//求斜边的函数,a、b为两个直角边
template<typename T>
double hypo(T a,T b) {
    return sqrt(a * a + b * b);
```

```
    }

    int main()
    {
        double hy;
        hy = hypo(3,4);          //(1)没问题,编译器自动把模板参数 T 识别成 int
        cout << "hypo(3,4)=" << hy << endl;

        hy = hypo(3.2,4.5);    //(2)没问题,编译器自动把模板参数 T 识别成 double
        cout << "hypo(3.2,4.5)=" << hy << endl;

        hy = hypo(3,4.5);        //(3)编译器推断不了 T 是 int 还是 double,于是编译出错了
        cout << "hypo(3,4.5)=" << hy << endl;
    }
```

程序中句（3）编译出错，因为无法推断。注释掉这段，就可以编译运行，结果如图 4-6。

图 4-6　【例 4-3】运行结果

为解决语句 hy＝hypo(3,4.5)的编译问题，可以有两种修改方法。

方法一：多模板参数

```
#include <iostream>
using namespace std;

template<typename T1, typename T2>       //多模板参数
double hypo(T1 a,T2 b){
    return sqrt(a * a + b * b);
}

int main(){
    double hy;
    hy = hypo(3,4);            //(1)
    cout << "hypo(3,4)=" << hy << endl;
    hy = hypo(3.2,4.5);    //(2)
    cout << "hypo(3.2,4.5)=" << hy << endl;
    hy = hypo(3,4.5);       //(3)此时可编译通过
    cout << "hypo(3,4.5)=" << hy << endl;
}
```

方法一运行结果如图 4-7 所示。

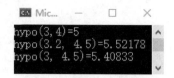

图 4-7　方法一运行结果

方法二：非类型模板参数

```
#include <iostream>
using namespace std;

template<typename T,double b>    //b为非类型模板参数
double hypo(T a){    //注意这里没有b了
    return sqrt(a * a + b * b);
}


int main(){
    double hy;
    hy = hypo<int,4>(3);              //(1)注意带非类型模板参数的函数调用格式
    cout << "hypo(3,4)=" << hy << endl;
    hy = hypo<double,4.5>(3.2);    //(2)注意带非类型模板参数的函数调用格式
    cout << "hypo(3.2,4.5)=" << hy << endl;
    hy = hypo<int,4.5>(3);            //(3)注意带非类型模板参数的函数调用格式
    cout << "hypo(3,4.5)=" << hy << endl;
}
```

方法二运行结果如图 4-8 所示。

图 4-8　方法二运行结果

提示：若 Visual Studio 中出现以下错误，

```
error C7592："double"类型的非类型模板参数至少需要"/std:c++latest"
```

则按如下操作设置：菜单"项目-（项目名）属性"→C/C++→语言→C++语言标准→选"/std：c++latest"。

4.4.3　类模板

考虑学过的 vector 类，如果不用模板，将要如何进行定义？那就要写一个 Vector _ Int 类、Vector _ Float 类、Vector _ Double 类……包含结构体和类的 Vector 类还不能实现。而现在用模板实现的 vector<…>类就方便多了。

定义类模板的格式如下。

$$\textbf{template} <\textbf{class 形参名,class 形参名,……}>$$

class 类名{

……

};

【例 4-4】使用类模板的方法，编写一个复数类。

```cpp
# include <iostream>
using namespace std;

template <typename T>
class Complex
{
public:
    Complex(T a,T b){    //构造函数
        this->a = a;
        this->b = b;
    }
    double Mod(){        //求复数模
        return sqrt(a * a + b * b);
    }
    Complex<T> operator+(Complex& c){    //重载运算符+
        Complex<T> tmp(this->a + c.a,this->b + c.b);
        return tmp;
    }
    //友元函数。重载运算符<<
    friend ostream& operator<<(ostream& os,const Complex<T>& c){
        os << "(" << c.a << "," << c.b << ")";//以"(a,b)"的形式输出
        return os;
    }
private:
    T a;
    T b;
};

int main()
{
    //对象的定义,必须声明模板类型,因为要分配内容
    Complex<int> a(10,20),b(20,30);
    Complex<int> c = a + b;
    cout << a << "+" << b << "=" << c << endl;
    cout << c << "的模是" << c.Mod() << endl << endl;
```

```
    Complex<double> d(10.5,20.4),e(20.2,30.3);
    Complex<double> f = d + e;
    cout << d << "+" << e << "=" << f << endl;
    cout << f << "的模是" << f.Mod() << endl;


    return 0;
}
```

【例 4-4】运行结果如图 4-9 所示。

图 4-9   【例 4-4】运行结果

若把成员函数写到类定义之外，要注意写法。

```
# include <iostream>
using namespace std;

template <typename T>
class Complex{
public:
    Complex(T a,T b); //构造函数
    double Mod() ;          //求复数模
    Complex<T> operator+(Complex& c); //重载运算符+
    template <typename T> friend ostream& operator<<(ostream& os,
                                        const Complex<T>& c); //重载运算符<<
private:
    T a;
    T b;
};

template <typename T>        //成员函数写在外面时,这句不能少。下同
Complex<T>::Complex(T a,T b){   //构造函数
    this->a = a;
    this->b = b;
}

template <typename T>
double Complex<T>::Mod(){ //求复数模
    return sqrt(a * a + b * b);
```

```
}

template <typename T>
Complex<T> Complex<T>::operator+(Complex& c){   //重载运算符+
    Complex<T> tmp(this->a + c.a,this->b + c.b);
    return tmp;
}


template <typename T>
ostream& operator<<(ostream& os,const Complex<T>& c){   //重载运算符<<
    os << "(" << c.a << "," << c.b << ")"; //以"(a,b)"的形式输出
    return os;
}
```

```
int main(){
    Complex<int> a(10,20),b(20,30);
    Complex<int> c = a + b;
    cout << a << "+" << b << "=" << c << endl;
    cout << c << "的模是" << c.Mod() << endl << endl;

    Complex<double> d(10.5,20.4),e(20.2,30.3);
    Complex<double> f = d + e;
    cout << d << "+" << e << "=" << f << endl;
    cout << f << "的模是" << f.Mod() << endl;

    return 0;
}
```

编译，运行，结果仍为图 4-9。

另外，类模板也支持非类型模板参数，例如下例。

【例 4-5】使用类模板定义一个静态数组。

```
# include <iostream>
using namespace std;

// 定义一个类模板的静态数组
template<class T,unsigned int n = 10>
class MyArray
{
public:
    MyArray()  { _size = n; }   //构造函数
    T& operator[](unsigned int  index) { return _array[index]; } //运算符[]
    unsigned int size() const { return _size; } //检查数组大小
    bool empty() const { return _size == 0; }   //检查是否为空
```

```
private:
    T _array[n];
    unsigned int _size;
};
int main()
{
    MyArray<int,20>  A;
    MyArray<double>  B;
    cout << "Size of A is " << A.size() << endl;
    cout << "Size of B is " << B.size() << endl;
    return 0;
}
```

【例 4-5】运行结果如图 4-10 所示。

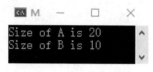

图 4-10　【例 4-5】运行结果

需要注意的是，非类型模板参数可带默认值。但是浮点数、类对象以及字符串是不允许作为类模板的非类型模板参数的。在 template 语句中，一般情况下，关键字 typename 和 class 可以互相替换。

顺便说一下，标准库中的 array 与此例为相同机制，大家可顺便学习，但 array 没有大小默认值。

4.5　C++23 新特性

C++23 是至本书编写时为止的 C++ 的最新标准，它包含了对 C++ 的最新改进，本节粗略介绍一下 C++23 的一些新特性。

（1）多维数组访问

这个特性用于访问多维数组。以前，C++ 的 [ ] 运算符内只支持访问单个下标，不能用单个 [ ] 来访问多维数组。C++23 则可以通过形如 m[1,2] 这种方式来访问多维数组。以下是一个例子。

```
template <class T,size_t R,size_t C>
struct matrix {
    T& operator[](const size_t r,const size_t c) {
        return data_[r * C + c];
    }

private:
    std::array<T,R * C> data_;
```

```
};

int main() {
    matrix<int,2,2> m;
    m[0,0] = 0;
    m[0,1] = 1;
    m[1,0] = 2;
    m[1,1] = 3;

    for (auto i = 0; i < 2; ++i) {
        for (auto j = 0; j < 2; ++j) {
            std::cout << m[i,j] << ";
        }
        std::cout << std::endl;
    }
}
```

目前，GCC 12 和 Clang 15 及以上版本已经支持这个特性。

（2）模块

C++20 模块的使用存在一定难度，这也是因为标准库中没有提供模块的实现。因此，这个特性的加入符合自然趋势。现在，可以编写如下代码。

```
import std;

int main() {
    std::print("Hello standard library modules! \n");
}
```

上述代码中，标准库是作为模块而不是头文件导入的。这样可以提高编译速度，减少头文件依赖和名称空间污染。目前，该新特性还没有得到主要的编译器的支持。

（3）新容器

C++23 新增了几种容器：flat_map、flat_set、flat_multimap 和 flat_multiset，它们都是使用连续序列作为底层容器，相比于之前的容器使用二叉树或哈希表作为底层容器，更像是容器的适配器。这些容器在时间和空间复杂度上做了一个平衡。

（4）if consteval

C++23 引入了 if consteval，如果上下文是常量评估的，则执行语句。这个特性可以用于编译时计算，例如在编译时计算斐波那契数列。

（5）显式 this 参数

C++23 允许非静态成员函数的第一个参数可以是由"this"表示的显式对象参数。这个特性可以用于实现某些元编程技术。

（6）延长 for-range-initializer 中临时对象的生命周期

C++23 允许延长 for-range-initializer 中临时对象的生命周期，直到循环结束。这个特性可以用于避免不必要的拷贝和移动。

（7）其他特性

除了上述特性外，C++23 还包括其他一些特性，例如 std::format、std::span、std::stop_token、std:: source_location 等。

总体来说，C++23 引入了一些有用的新特性，实现了对 C++的进一步改进，但相对于 C++98、C++11 或 C++20 那样具有革命性的影响力较小，更像是 C++17 的延续。C++23 的制定过程非常有趣，但也包括了很多的讨论和争议。

思考与练习

1. 编写主程序实现：s1=" 计算机科学"，s2=" 是发展最快的科学!"，求 s1 和 s2 的串长，连接 s1 和 s2。

2. 输入两个字符串，验证其中一个字符串是否为另一个字符串的子串。

3. 输入一个整数数组，要求将其格式化为字符串，每个数字以逗号分开。

4. 使用 vector 构建一个 6 行 8 列的二维数组。

5. 给定一个二维矩阵，有数个询问，要求输出第 i 行、第 j 列的元素。

输入格式：

第一行两个整数 n、m，表示矩阵大小。

接下来 n 行，每行 m 列，描述该矩阵。

第 $n+1$ 行一个整数 q 表示询问数量。

接下来 q 行，每行两个整数 i、j，表示查询矩阵中第 i 行第 j 列的元素是什么。

输出格式：

q 行，每行一个整数表示矩阵中第 i 行第 j 列的元素是什么。

6. 编写一段程序，创建一个含有 10 个整数的 vector 对象，然后使用迭代器将所有元素的值都变成原来的 2 倍。输出 vector 对象的内容，验证程序是否正确。

7. 下面程序是否有错误？如果有，请改正。

（1）

```
vector<int> vec; list<int> lst; int i;
while (cin >> i)
        lst. push_back(i);
copy(lst. cbegin(),lst. cend(),vec. begin()
```

（2）

```
vector<int> vec;
vec. reserve(10);
fill_n(vec. begin(),10,0);
```

8. 编写一个函数模板，分别求一个组数里面数据的最大值、最小值和平均值。

9. 编写一个函数模板，实现数据交换的操作。

10. 编写一个类模板，完成对不同数据类型的数组的排序（小到大）操作。

第5章 MFC 对话框应用程序

C++可以开发各种功能强大、内容丰富的计算机程序，但在前面的章节中，我们写的程序都是基于控制台界面。Windows 控制台是兼容老式 DOS 操作系统的字符界面系统。然而，如今我们在计算机中使用的程序，多数都是图形界面（GUI）的。图形界面有菜单、工具栏、对话框、图像图标和各种方便用户使用的控件，比字符界面对用户有更好的亲和力和易用性。从本章开始，我们将学习图形界面程序的开发方法，其中第 5、6 章分别讲述利用微软 MFC 类库开发对话框和文档视图 GUI 程序，第 7 章讲述利用跨平台框架 Qt 来开发 GUI 程序。

在开始学习本章之前，请先确认 Visual Studio 是否安装了 MFC 组件。如果没有安装 MFC 组件，创建本章程序时将找不到 MFC 应用的模板，程序也会编译不通过。在计算机中运行 Visual Studio Installer，点击"修改"按钮，就会出现选择安装组件的界面，如图 5-1 所示。按图 5-1，检查"使用 C++的桌面开发"以及右边的 MFC 选项是否已勾选。若未被勾选，请勾选，并点击右下角"修改"按钮增加 MFC 组件。

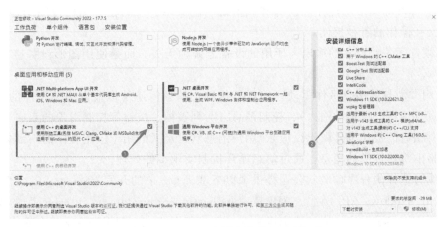

图 5-1 VS2022 中需安装的 MFC 选项

建议安装完成后尝试创建一个 MFC 应用程序，看是否能编译运行。因为有的计算机可能不支持最新版本的 MFC[例如图 1-2 中的"适用于最新 v143 生成工具的 C++ MFC（x86

和 x64）"］，若编译出现 "MSB8041 此项目需要 MFC 库。从 Visual Studio 安装程序（单个组件选项卡）为正在使用的任何工具集和体系结构安装它们"的错误，则需要再启动 Visual Studio Installer，从"单个组件"页面中卸载"适用于最新 v143 生成工具的 C＋＋ MFC（x86 和 x64）"，而改为选择某一个更低版本的 MFC 组件，如图 5-2 所示。

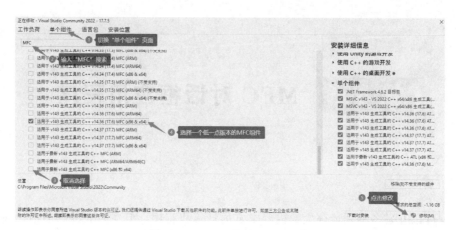

图 5-2　VS2022 修改 MFC 组件

5.1　Windows 编程基础

Windows 操作系统是当今最主要的计算机操作系统，先来了解一下 Windows 应用程序的特点。

5.1.1　Windows 应用程序

用户直接使用的 Windows 应用程序多数具有图形界面的程序，这些程序的特点主要有以下三个方面。

①具有标准的图形用户界面：具有风格统一的菜单、工具栏、文档视图结构、用于输入输出和交互操作的各种控件。

②与硬件无关：程序的输出与所用的设备是哪种无关，而是使用图形设备接口（GDI）来输出图形。

③采用"消息传递，事件驱动"的运行机制：消息传递是指报告相关事件的发生，包括输入消息（键盘、鼠标的输入）、控制消息（与列表框、按钮等控制对象的双向通信）、系统消息（对相应的程序事件做出反应）、用户消息（自定义的用于应用程序的内部处理）；事件驱动是指围绕着传递的消息，通过消息循环机制实现事件处理。

为了编写这样的程序，微软公司提供了以下基于 C＋＋的开发方法。

①使用 Windows API 函数。API 是 "application programming interface"的缩写，是一套应用程序接口函数库。通过这套函数库，程序开发者可以调用 Windows 系统的各种功能。这种方法是 Windows 程序（包括 GUI 程序）最早的开发方法。这种方法与 Windows 功能贴合最紧密，但 API 函数众多，不便记忆，难以查找。

②使用 MFC 类库。MFC 是 "Microsoft foundation classes"的缩写，是微软公司对

Windows API 分类封装好的一个基础类库。它封装了大部分的 Windows API 函数，并且包含了一个应用程序框架。有类的封装，实现程序功能的属性和函数更加容易记忆和查找。并且使用 MFC 程序框架，程序可以不必从 main（）函数开始写起，而只需在程序框架的合适位置添加新代码，就可以写成需要的程序。

　　为了体验两种开发方法的差别，可以先来尝试一下使用 Windows API 函数来创建一个程序的过程。

5.1.2　使用 API 函数

　　以 Visual Studio 2022 为例，建立一个 Windows API 函数开发的 Windows 应用程序。

　　在 Visual Studio 中创建一个新项，单击菜单"文件"→"项目"，选择"Windows 桌面应用程序"，并在"名称"中输入工程名：MyWin32Program19，在"位置"中选择一个合适的目录位置存放此工程。

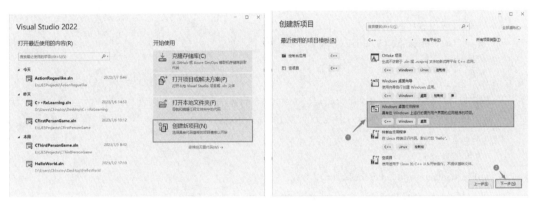

(a) 步骤页一　　　　　　　　　　　　　　　　　　(b) 步骤页二

图 5-3　新建 Win32 应用程序步骤

　　按图 5-3 的操作步骤，点击"创建"按钮之后，Visual Studio 就生成了基本的代码文件并弹出显示，如图 5-4 所示。这时，在生成的界面中单击"本地 Windows 调试器"，程序就可以进行编译并运行起来。程序运行是 GUI 界面，有默认的菜单，如图 5-5 所示。

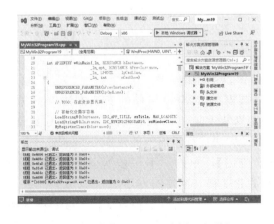

图 5-4　程序代码显示及编译运行按钮

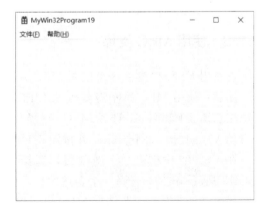

图 5-5　程序运行界面

要使用 Windows API 来开发 Windows 应用程序，对其主函数、注册窗口类、消息分发循环、消息处理回调函数的代码都要进行阅读学习。篇幅所限，本书从略，只把其中主函数中的代码列出，如下所示。

```
Int  APIENTRY  wWinMain(_In_ HINSTANCE hInstance,In_opt_ HINSTANCE
         hPrevInstance,_In_ LPWSTR    lpCmdLine,_In_ int    nCmdShow)
{
    UNREFERENCED_PARAMETER(hPrevInstance);
    UNREFERENCED_PARAMETER(lpCmdLine);
    // TODO: 在此处放置代码
    // 初始化全局字符串
    LoadStringW(hInstance,IDS_APP_TITLE,szTitle,MAX_LOADSTRING);
    LoadStringW(hInstance,IDC_MYWIN32PROGRAM19,szWindowClass,
             MAX_LOADSTRING);
    MyRegisterClass(hInstance);
    // 执行应用程序初始化:
    if (! InitInstance (hInstance,nCmdShow)){
        return FALSE;
    }
    HACCEL hAccelTable = LoadAccelerators(hInstance,
                    MAKEINTRESOURCE(IDC_MYWIN32PROGRAM19));
    MSG msg;
    // 主消息循环:
    while (GetMessage(&msg,nullptr,0,0)){
        if (! TranslateAccelerator(msg. hwnd,hAccelTable,&msg)){
            TranslateMessage(&msg);
            DispatchMessage(&msg);
        }
    }
    return (int) msg. wParam;
}
```

5.1.3 使用 MFC 类库

再使用 VS2022 建立一个使用 MFC 开发的 Windows 应用程序。

注意：使用 MFC 类库需要确保 MFC 组件已被安装。MFC 组件的安装方法参见 1.4 节，注意图 5-1 和图 5-2 选择 MFC 组件的方法。若安装 Visual Studio 时未安装 MFC 组件，请启动 Visual Studio Installer 并按图 5-1 和图 5-2 的方法进行添加组件。

在 VS2022 中创建一个新项目，选择【MFC 应用】，单击"下一步"，将工程命名为 MyMFCProgram19，选择一个合适的目录位置存放此工程（图 5-6）。

单击"创建"后，跳转到 MFC 应用程序向导（图 5-7），可以选择单文档、多文档、基于对话框的应用程序，还有一个多个顶层文档。选择【单个文档】（单文档应用程序）和【MFC Standard】（MFC 标准样式），就可创建出一个与 5.1.2 小节类似的 Windows 图形界

(a) 步骤页一　　　　　　　　　　　　　　　(b) 步骤页二

图 5-6　在 VS2022 中创建 MFC 应用程序

面应用程序。运行，其界面如图 5-8 所示。

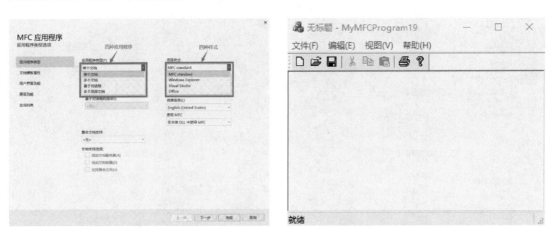

图 5-7　VS2022 中 MFC 应用程序向导　　　　　图 5-8　程序运行界面

同样，可以在 Visual Studio 中看一看该工程的代码，会发现初始代码要比使用 Windows API 创建的程序代码要更多、更复杂。但使用这套 MFC 框架代码，在以后为程序增加新功能的时候，增加的代码远比使用 Windows API 的程序少得多，开发周期要快得多。在后续章节中，将介绍基于对话框的应用程序的开发方法（第 5 章），以及着重以单文档应用程序为例介绍基于文档视图的应用程序的开发方法（第 6 章）。

5.2　基于对话框的应用程序

Windows 系统中，有很多程序都是基于对话框的应用程序，例如我们经常使用的任务管理器程序、控制面板设置的程序、各种软件的安装程序、QQ、微信等程序。本节开始讲述这些基于对话框的应用程序的开发方法。

5.2.1 开发过程

基于对话框的应用程序的开发过程一般包含以下步骤：①建立应用程序框架；②放置控件；③设置控件属性；④为控件连接变量；⑤添加、编写消息处理函数。

不过并不是每个程序都一样，根据程序要实现的功能不同，某些步骤可能会没有或者不必要。

为了对开发过程有个直观认识，首先来看一个最简单的对话框程序的创建过程。

【例 5-1】编写对话框程序，点击按钮出现"Hello Dialog Application!"字样。

程序开发步骤如下。

（1）建立应用程序框架

① 可将项目命名为 HelloDlg，使用 VS2022 举例，创建一个基于对话框的应用程序，如图 5-9 所示，与前面的操作步骤类似，不再一一赘述。

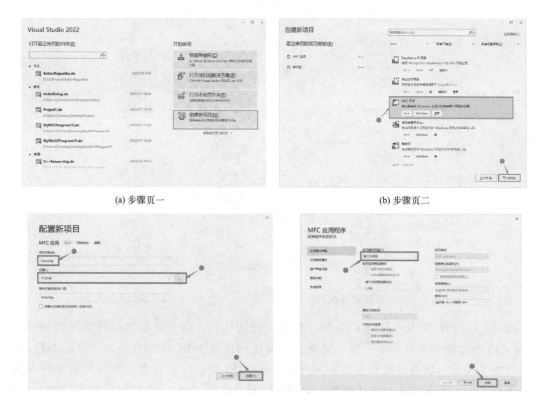

图 5-9　创建对话框应用程序

创建完成后可在 Visual Studio 中看到创建好的代码框架。点击"本地 Windows 调试器"按钮，编译，运行，可看到运行结果如图 5-10 所示。

注意：目前一句代码都还没写，就已经有一个可以运行的对话框程序了。如果想修改对话框和程序的功能，只需在这个框架中找到对应的地方加入或修改代码即可。

② 对话框程序框架中的类结构。

要在这个框架代码中加入新的代码实现新的功能，必须了解这套框架代码的类结构，如图 5-11 所示。在 Visual Studio 的类视图中看到以下三个类。

图 5-10　编译运行结果　　　　　　图 5-11　基于对话框的类结构

CAboutDlg 类：这个是"关于"对话框的描述类。对话框程序运行时，点击对话框标题条中的程序图标，在菜单中点击"关于 HelloDialog（A）"会弹出这个对话框。

C＊＊＊App 类：这里"＊＊＊"是工程名，例如程序工程名为 HelloDlg，这里的类就是 CHelloDlgApp。这是应用程序类，负责程序的启动、结束等进程管理事务。

C＊＊＊Dlg 类：同上，"＊＊＊"是工程名。这是主对话框类，负责主对话框中内容的显示、交互等事务。

（2）增、删、修改主对话框中的控件

在 Visual Studio 右侧点击工具箱，展示的工具箱可能是空的，此时可以点击工具箱的空白处，用鼠标右键选择"显示全部"，显示所有控件。

选择添加按钮（Button）、文本框（Edit Control）等控件，在右下角属性框中修改按钮名称、文本框中的文字，然后将控件摆放至合适的位置，如图 5-12 所示。

（3）修改界面内容

调整各控件的位置至合适位置，点击文本框修改文字内容，调整对话框的大小，如图 5-13。

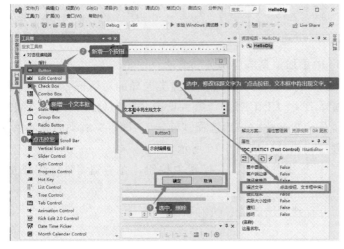
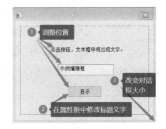

图 5-12　放置控件　　　　　　图 5-13　调整控件位置

（4）连接变量

为文本框添加变量，起名为 m_sInfo。用鼠标右键点击文本框，选择"添加变量"，弹出添加控件变量的对话框，可修改变量的类别，设置变量的名称和变量类型，点击"完成"即可添加控件变量，如图 5-14 所示。

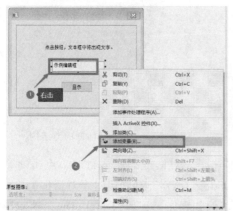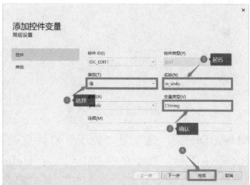

图 5-14　添加变量

此时，在 Visual Studio 的解决方案管理器窗口中找到头文件 HelloDlgDlg.h，打开，并加入一个类型为 CString 字符串的成员变量 m_sInfo。

```
class CHelloDlgDlg : public CDialogEx
{
    // 构造
    public:
        CHelloDlgDlg(CWnd * pParent = nullptr);        // 标准构造函数
    …… //篇幅所限,省略一段与本步骤无关的代码。后文的代码段中的省略号也为此意思
        DECLARE_MESSAGE_MAP()
    public:
        CString m_sInfo;
};
```

（5）为按钮添加消息响应函数

这里介绍两种在 Visual Studio 中添加消息响应函数的方法。

① 方法一：添加类向导。右键点击按钮"类向导"，弹出类向导的对话框，在对象处选择 IDC_BUTTON1，在消息处选择 BN_CLICKED，然后点击"添加处理程序"，弹出添加成员函数的对话框，可以修改成员函数名称，最后选择"确定"，即可完成类向导的添加，点击"编辑代码"可直接跳转到程序代码处，如图 5-15 所示。

② 方法二：直接在属性窗口中设置事件响应。直接选中按钮，在右侧属性框中添加事件和响应函数，如图 5-16 所示。

这时，打开 HelloDlgDlg.cpp 可看到新增的消息映射和消息响应函数。

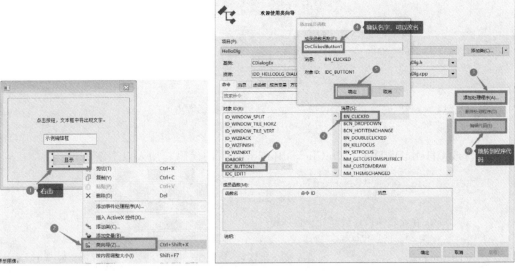

图 5-15　添加类向导

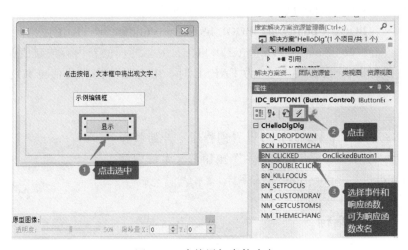

图 5-16　直接添加事件响应

```
BEGIN_MESSAGE_MAP(CHelloDlgDlg,CDialogEx)
    ……
    ON_WM_QUERYDRAGICON()
    //消息映射
    ON_BN_CLICKED(IDC_BUTTON1,&CHelloDlgDlg::OnClickedButton1)
END_MESSAGE_MAP()
……
Void CHelloDlgDlg::OnClickedButton1()        //消息响应函数定义
{
    // TODO：在此添加控件通知处理程序代码
}
```

而在 HelloDlgDlg.h 头文件中可看到新增的消息响应函数声明。

```
class CHelloDlgDlg : public CDialogEx
{
    ......
    DECLARE_MESSAGE_MAP()
public:
    CString m_sInfo;
    afx_msg void OnClickedButton1();        //消息响应函数声明
};
```

继续修改 CHelloDlgDlg::OnClickedButton1() 的代码, 加入以下新语句。

```
void CHelloDlgDlg::OnClickedButton1()
{
    // TODO: 在此添加控件通知处理程序代码
    m_sInfo = "Hello dialog application!";
    UpdateData(FALSE);            //由变量更新界面
}
```

这里需要了解掌握 UpdateData() 函数, 其形式为:

BOOL UpdateData(BOOL bSaveAndValidate = TRUE)

其功能为: 当参数 bSaveAndValidate 为 TRUE 时, 界面的新内容或新值保存到所关联的变量中。当参数 bSaveAndValidate 为 FALSE 时, 由变量的内容或值更新所关联的界面元素。

(6) 编译运行

现在对程序进行编译和运行, 可以看到程序一开始就弹出如图 5-17 所示的对话框。点击"显示"按钮, 文本框中就会出现"Hello dialog application!"的字样。

图 5-17 运行结果

5.2.2 MFC 类库结构

MFC 是一个功能丰富、组织完备的 Windows 图形界面开发类库, 共有二百多个类, 不同的类实现不同的功能, 类之间既有区别又有联系。MFC 类库中类是以层次结构的方式组织起来的, 几乎每个子层次结构都与一个具体的 Windows 实体相对应, 一些主要的接口类管理了难以掌握的 Windows 接口。这些接口包括: 窗口类、GDI 类、对象连接和嵌入类(OLE)、文件类、对象 I/O 类、异常处理类、集合类等。MFC 类库结构如图 5-18 所示。

整张图一起看时, MFC 的类库结构似乎相当复杂, 但可以把关注的类及其层次关系单独抽取出来分析, 这样更容易明白。下面我们把几种与对话框程序相关的控件类抽取出来。

5.2.3 几种常用控件的类结构

以下是几种常用控件的类结构, 它们是从 MFC 类库结构总图中单独抽取出来得到的。

图 5-19 中: (a) 是 CStatic 类的关系结构, 静态文本框对象和框架对象都是这个类;

图 5-18　MFC 类库结构

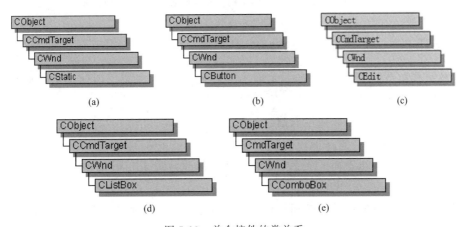

图 5-19　单个控件的类关系

（b）是 CButton 类的关系结构，命令按钮、单选按钮和复选框对象都是这个类；（c）是 CEdit 类的关系结构，是文本编辑框对象的类；（d）是 CListBox 类的关系结构，是列表框的类；（e）是 CComboBox 类的关系结构，是组合框的类。后面的各小节会使用到这些控件对象。

5.3　静态文本框、按钮与编辑框

5.3.1　静态文本框

静态文本框是工具箱中的 Static Text 控件，它一般用于显示静态不变的文本。它是使用最简单的控件，其类关系如图 5-20(a) 所示。它一般不需要连接变量，也不需要消息处理函数。静态文本框的属性中，有两个点需要重点关注。

（1）ID

每个控件都有自己的 ID，程序会根据 ID 来控制控件。多数静态文本框不需要在程序中进行控制和改变，它们通常使用默认 ID 值：IDC_STATIC。当然，如果想在程序中控制该静态文本框，可以把 ID 值改为其他值。

（2）Caption（标题）

Caption 是静态文本框在对话框上显示的文字。其初始默认值是"Static"，一般需要把它更改成其他程序所需的文字 [图 5-20(b)]。

(a) 静态文本框在工具箱中的位置

(b) 静态文本框Caption属性

图 5-20　静态文本框在工具箱中的位置及静态文本框 Caption 属性

5.3.2　按钮

按钮是工具箱中的 Button 控件，它的类结构如图 5-21 所示。按钮用来接收用户的命令，一般不需要连接变量。

按钮控件需要重点关注的属性和消息如下。

（1）Caption（标题）

对话框中显示在按钮上面的文字，根据需要来修改（图 5-22）。

（2）点击消息 BN_CLICKED

一般需为其创建响应函数，按钮被点击时，程序才会执行某些行为（图 5-23）。

图 5-21　按钮在工具箱的位置

图 5-22　按钮 Caption

图 5-23　按钮点击消息

5.3.3　文本编辑框

文本编辑框是工具箱中的 Edit Control 控件，它用来接收用户输入的字符串或数字。文本编辑框在工具箱的位置如图 5-24 所示。

（1）属性

文本编辑框控件需重点关注的属性（图 5-25）如下。

① Multiline：定义该编辑框为多行文本框。

② Number：限定输入的字符只能是数字字符。

③ Border：文本编辑框是否显示边界。

④ Read-only：文本编辑框设置为只读，禁止用户编辑。

图 5-24　文本编辑框在工具箱的位置　　　　图 5-25　文本编辑框的属性

（2）成员函数

文本编辑框能够为程序承担各种字符串处理的功能。为了使用这些功能，开发者需要了解 CEdit 类的一些重要成员函数，见表 5-1。

表 5-1　CEdit 类的成员函数

成员函数	功能	应用实例
SetSel(n,m)	选定编辑框中从第 n 个字符到第 m 个字符的内容。SetSel(0,-1) 的作用是选定所有的内容	m_e.SetSel(0,-1);
Copy()	将编辑框中当前选定的内容复制到剪贴板	m_e.Copy();
Cut()	将编辑框中当前选定的字符剪切到剪贴板	m_e.Cut();
Clear()	删除编辑框当前选定的内容	m_e.Clear();
Paste()	把剪贴板中的内容粘贴到编辑框中光标所在位置	m_e.Paste();
GetLine(n,ch)	将多行编辑框中第 n 行的内容复制到 ch 中,ch 一般为字符数组	char ch[80]; m_e.GetLine(0,ch);
ReplaceSel(ch)	将 ch 中的内容替换编辑框中选定的内容	char ch[80]="abcd"; m_e.ReplaceSel(ch);
Undo()	撤销对编辑框的最后一次操作	m_e.Undo();

除了 CEdit 类本身的成员函数外，还需了解从父类 CWnd 继承的成员函数。

① GetWindowText()：将编辑框中的内容复制出来。

形式 1：

void GetWindowText(CString& rString) const;

此重载函数将编辑框中的内容复制到一个 CString 对象中。举例：

```
CString ch;
m_e.GetWindowText(ch);
```

形式 2：

int GetWindowText(LPTSTR lpszStringBuf,int nMaxCount) const;

此重载函数将编辑框中的内容复制到一个数组中。例如：

```
char ch[80];
m_e.GetWindowText(ch,80);
```

② SetWindowText()：设置文本编辑框中的内容。

形式：

void SetWindowText(LPCTSTR lpszString);

此函数把文本编辑框的标题设置成参数字符串中的内容。例如：

```
char ch[20] = "abcdefg";
m_e.SetWindowText(ch);
```

（3）连接变量

为了程序方便控制文本编辑框，常常需要为文本编辑框连接变量。连接的变量的类型可以是控件类型 CEdit 类，也可以是值类型，如 CString、int、double 等。为控件添加连接变量的窗口如图 5-26 所示。

图 5-26　为控件添加连接变量的窗口

【例 5-2】针对一元二次方程的求解问题编写一个对话框程序，在文本编辑框中输入一元二次方程 $ax^2+bx+c=0$ 的系数 a、b、c，点击按钮进行计算，并在另外的文本编辑框中输出两个根 x1、x2。

程序开发步骤如下。

① 建立应用程序框架。建立基于对话框的应用程序框架，步骤参看 "5.2.1　开发过程" 小节中的 "（1）建立应用程序框架"。把本程序命名为 Equation，完成后如图 5-27 所示。

② 放置控件，布置界面。拉出工具箱窗口，在对话框中放置 6 个静态文本、4 个文本编

辑框和 1 个按钮，删除原来"确定"和"取消"按钮，调整对话框大小，如图 5-28 所示。

图 5-27　建立程序框架和对话框界面　　　　　图 5-28　布置界面

③ 修改控件属性，见表 5-2。

表 5-2　修改控件属性

控件	属性	值	控件	属性	值
编辑框 1	ID	IDC_EDT_A	编辑框 5	ID	IDC_EDT_X2
	Number	TRUE		Number	TRUE
编辑框 2	ID	IDC_EDT_B		Disabled	TRUE
	Number	TRUE	按钮	ID	IDC_BTN_CALC
编辑框 3	ID	IDC_EDT_C		Caption	计算
	Number	TRUE	对话框	Caption	解方程
编辑框 4	ID	IDC_EDT_X1			
	Number	TRUE			
	Disabled	TRUE			

④ 连接变量。为 5 个编辑框添加变量，数据类型和变量名参照表 5-3。添加变量的方法参见"5.2.1　开发过程"中的为控件连接变量的描述。

表 5-3　连接变量

控件(ID)	类别	变量类型	名称
IDC_EDT_A	值	int	m_nA
IDC_EDT_B	值	int	m_nB
IDC_EDT_C	值	int	m_nC
IDC_EDT_X1	值	double	m_dX1
IDC_EDT_X2	值	double	m_dX2

完成后在类视图中双击 CEquation 类打开 Equation. h（也可以在解决方案管理器中双击 Equation. h），可看到 CEquation 类定义中新增的成员变量代码。

```
class CEquationDlg : public CDialogEx
{
……
        afx_msg HCURSOR OnQueryDragIcon();
        DECLARE_MESSAGE_MAP()
```

```
public:
    int m_nA;

    int m_nB;

    int m_nC;

    double m_dX1;

    double m_dX2;
};
```

另外，Visual Studio 在构造函数 CEquationDlg() 和数据交换函数 DoDataExchange() 中也加入了与这些新增变量相关的代码。

⑤ 添加消息响应函数。为按钮添加 BN_CLICKED 事件响应函数。方法参见"5.2.1 开发过程"小节中对添加编写消息处理函数的描述。添加后可见属性窗口，如图 5-29 所示。CEquationDlg 类中也增加了消息响应函数 OnBnClickedBtnCalc()。

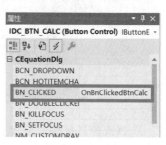

图 5-29 添加消息响应函数

打开 EquationDlg.cpp，找到 OnBnClickedBtnCalc() 函数并添加代码。

```
void CEquationDlg::OnBnClickedBtnCalc()
{
    // TODO: 在此添加控件通知处理程序代码
    UpdateData(TRUE);      //用界面内容更新变量
      int a = m_nA;
      int b = m_nB;
      int c = m_nC;
    m_dX1 = (-b + sqrt(b * b - 4 * a * c)) / (2 * a);
    m_dX2 = (-b - sqrt(b * b - 4 * a * c)) / (2 * a);
    UpdateData(FALSE);    //用变量更新界面内容
}
```

⑥ 编译，运行。此时可看到运行结果，如图 5-30 所示。在对话框中，可任意输入方程的系数 a、b、c，点击"计算"按钮，程序就会自动得出方程的两个根并显示到下部的文本编辑框中。

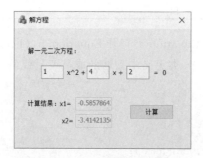

图 5-30 【例 5-2】运行结果

5.4　框架、单选按钮、复选框

5.4.1　框架

　　框架（Group Box）是一个嵌有标题的矩形线框，用于标识一组控件，如图 5-31 所示。图 5-32 中"公共基础课""专业基础课""专业课"三个框架把各个控件分成三组。框架的类层次结构如图 5-19（a）所示。框架一般不需要连接变量，也不需要处理消息。

　　对框架需重点关注的属性如下。

　　① ID：默认值为 IDC_STATIC，一般不需要改变。

　　② Caption：框架的标题。

图 5-31　工具箱中的框架控件

图 5-32　框架控件例子

5.4.2　单选按钮

　　单选按钮是工具箱中的 Radio Button 控件，如图 5-33 所示，它是给用户提供单项选择的按钮控件，其类层次结构如图 5-19（b）所示。单选按钮的设计要求为：同一组按钮必须连续放入，中间不能插入其他控件，第一个按钮要选中 Group 属性；类向导的成员变量选项卡中第一个按钮显示 ID。

　　对单选按钮需重点关注的属性和消息如下。

图 5-33　工具箱中的单选按钮

　　① ID 属性：同一组单选按钮 ID 须连续。

　　② Caption 属性：标题，即圆点右边显示的文字信息。

　　③ Group 属性：一组中第一个按钮须选中该属性。

　　④ BN_CLICKED 消息：用鼠标左键单击时产生的消息，常需对其编写响应函数。

　　此外，还需了解单选按钮的以下重要函数。

　　① CheckRadioButton()：设定单选按钮选中状态，在初始化时使用。

　　形式：

　　　　void CheckRadioButton(int nIDFstBtn, int nIDLastBtn, int nIDCheckBtn);

　　参数中，nIDFstBtn 是一组中第一个单选按钮的 ID，nIDLastBtn 是一组中最后一个单选按钮的 ID，nIDCheckBtn 是初始时设置为选中状态的单选按钮的 ID。

　　② IsDlgButtonChecked()：判定某个单选按钮是否被选定。

形式：

UINT IsDlgButtonChecked(int nIDButton) const;

从返回值中判定该 ID 的单选按钮是否被选定。返回 TRUE 表示被选定，返回 FALSE 表示没有选定。

下面看一个框架和单选按钮的例子。

【例 5-3】编写一个辅助选课的对话框程序，点击确定按钮后程序弹出消息框来显示已选信息，如图 5-34 所示。

图 5-34　【例 5-3】运行效果

程序开发步骤如下。

① 创建应用程序框架。步骤参看 "5.2.1　开发过程" 小节。程序命名为 Radio。

② 放置控件。按题目的效果要求放置好静态文本框、文本编辑框、左边 2 个单选按钮（注意需连续放入）、右边 3 个单选按钮（注意需连续放入）、2 个框架，并按图 5-34 改变各个控件的 Caption。删除 "取消" 按钮，留下 "确定" 按钮。

③ 修改控件属性，见表 5-4。

表 5-4　修改控件属性

控件	ID	Caption	Group
文本编辑框	IDC_EDT_NAME		
单选按钮 1	IDC_RADIO1	计算机图形学	TRUE
单选按钮 2	IDC_RADIO2	软件工程	FALSE
单选按钮 3	IDC_RADIO3	游戏设计基础	TRUE
单选按钮 4	IDC_RADIO4	动画交互技术	FALSE
单选按钮 5	IDC_RADIO5	动态网页技术	FALSE

④ 连接变量。为文本编辑框添加变量 m_sName，类型为值类型 CString，如图 5-35 所示。如对添加连接变量操作步骤还不熟悉，请参阅【例 5-1】中第（4）步连接变量的步骤描述。

⑤ 添加消息响应函数。在类视图中找到 CRadioDlg 类的 OnInitDialog()，这是对话框初始化时的函数。添加以下代码。

```
BOOL CRadioDlg::OnInitDialog()
{
    ……
    // TODO：在此添加额外的初始化代码
    CheckRadioButton(IDC_RADIO1,IDC_RADIO2,IDC_RADIO1);
    CheckRadioButton(IDC_RADIO3,IDC_RADIO5,IDC_RADIO3);
    return TRUE;    // 除非将焦点设置到控件,否则返回 TRUE
}
```

　　然后再添加按钮的消息响应函数。用鼠标右键点击按钮，点"类向导"，在类向导对话框中，对按钮 IDOK 的 BN_CLICKED 消息添加处理程序，如图 5-36 所示。Visual Studio 就在 RadioDlg.cpp 中添加了 OnBnClickedOk() 函数。

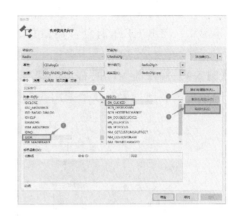

图 5-35　连接变量　　　　　　　　　图 5-36　添加消息响应函数

　　打开 RadioDlg.cpp，在 OnBnClickedOk() 中加入代码。

```
void CRadioDlg::OnBnClickedOk()
{
    // TODO: 在此添加控件通知处理程序代码
    UpdateData(TRUE);
    CString s;
    s = s + m_sName + _T(",您选择了");
    if (IsDlgButtonChecked(IDC_RADIO1))
        s = s + _T("计算机图形学、");
    else
        s = s + _T("软件工程、");
    if (IsDlgButtonChecked(IDC_RADIO3))
        s = s + _T("游戏设计基础。");
    else if (IsDlgButtonChecked(IDC_RADIO4))
        s = s + _T("动画交互技术");
    else
        s = s + _T("动态网页技术");
    AfxMessageBox(s);
    //CDialogEx::OnOK();
}
```

　　⑥ 编译，运行。至此，可看到图 5-34 中的运行效果。

5.4.3　复选框

　　复选框是工具箱中的 CheckBox 控件，它用来显示某种可能的选择，用户可自行决定选中或取消选项。复选框的类层次结构如图 5-19（b）所示。复选框一般需要连接到 Value 类别 BOOL 类型的变量。

复选框需重点关注的属性如下。

① ID 属性：控件 ID，代码中常会用到它。

② Caption 属性：标题，即显示在复选框右边的文本。

③ BN _ CLICKED 消息：用鼠标左键单击时产生的消息。

图 5-37　复选框

【例 5-4】修改前例，把右边的课程改为复选框，如图 5-37 所示，可多选，运行效果如图 5-38 所示。

(a) 界面效果

(b) 点击按钮后弹出确认消息

图 5-38　【例 5-4】运行效果

程序开发步骤如下。

① 打开前例程序。

② 放置控件。删除右边的单选按钮，并在 CRadioDlg∷OnInitDialog() 中去除上例添加的两句 CheckRadioButton(…) 代码；加入三个复选框按钮。

③ 修改控件属性。按照图 5-38 修改 3 个复合框的标题（即 Caption）。

④ 连接变量。在类向导中为三个复选框添加三个变量，值类型均为 BOOL，如图 5-39 所示。

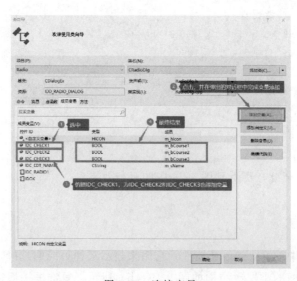

图 5-39　连接变量

然后在 RadioDlg. h 中可看到：

```
class CRadioDlg : public CDialogEx
{
    ……
    BOOL m_bCourse1;
    BOOL m_bCourse2;
     BOOL m_bCourse3;
};
```

⑤ 修改按钮点击的响应函数 OnBnClickedOk()。

```
void CRadioDlg::OnBnClickedOk()
{
    // TODO：在此添加控件通知处理程序代码
    UpdateData(TRUE);
    CString s;
    s = s + m_sName + _T("，您选择了");
    if (IsDlgButtonChecked(IDC_RADIO1))
        s = s + _T("计算机图形学");
    else
        s = s + _T("软件工程");
    //删 if (IsDlgButtonChecked(IDC_RADIO3))
    if (m_bCourse1)
        s = s + _T("、游戏设计基础");
    //删 else if (IsDlgButtonChecked(IDC_RADIO4))
    if (m_bCourse2)
        s = s + _T("、动画交互技术");
    //删 if (IsDlgButtonChecked(IDC_RADIO3))
    if (m_bCourse1)
        s = s + _T("、游戏设计基础");
    //删 else if (IsDlgButtonChecked(IDC_RADIO4))
    if (m_bCourse2)
        s = s + _T("、动画交互技术");
    //删 else
    if (m_bCourse3)
        s = s + _T("、动态网页技术");
    s = s + _T("。");
    AfxMessageBox(s);
    //CDialogEx::OnOK();
}
```

⑥ 编译，运行。可以看到图 5-38 的运行效果。

5.5 列表框和组合框

5.5.1 列表框

列表框（图 5-40）工具箱中的 List Box 控件，是用来给用户选择一系列可能值的控件。列表框的类层次结构如图 5-19(d) 所示。

图 5-40 列表框

对于列表框需要重点关注的属性如下。

① Selection：选择方式，包括 Single（单项选择）；Multiple（多项选择），但是忽略 Ctrl 键和 Alt 键；Extended，允许使用 Ctrl 键和 Alt 键进行多项选择；None，禁止选择。

② Sort：排序。

此外，还需了解列表框的重要成员函数。

① AddString()：在列表框尾部添加一项。

形式：

int AddString(LPCTSTR lpszItem) ;

例如语句"m _ l. AddString（"张三"）"会把字符串"张三"添加到列表框 m_l 的末尾。

② DeleteString()：删除列表框中的一项。

形式：

int DeleteString(UINT nIndex) ;

例如语句"m _ l. DeleteString（4）"会把列表框 m _ l 的第 5 项删除。注意，列表框的索引是基于 0 的。

③ GetCurSel()：获取当前选定项的序号。

形式：

int GetCurSel( ) const;

例如，语句"int i＝m _ l. GetCurSel()"会检查当前列表框 m _ l 被选定了第几项，这个索引值将赋给变量 i。

④ GetText()：列表框获取指定项。

形式 1：

int GetText(int nIndex,LPTSTR lpszBuffer) const;

形式 2：

void GetText(int nIndex,CString& rString) const;

函数获取列表框索引为 nIndex 的项，把字符串保存到第二个参数中。形式 1 的返回值为读取到的字符串的长度。

例如以下代码，分别用两种形式成员函数读取索引为 3 的字符串。

```
char  s1[20];
CString  s2;
m_l. GetText(3,s1);//把索引为第 3 的项读出保存到字符数组 s1
m_l. GetText(3,s2);//把索引为第 3 的项读出保存到 CString 对象 s2
```

【例 5-5】操作列表框，使用对应按钮对列表框内容进行修改。程序运行效果如图 5-41。

程序开发步骤如下。

① 创建程序框架。利用向导创建基于对话框的 MFC 程序框架。

② 放置控件。使用工具箱，放入 1 个列表框、1 个文本编辑框、4 个按钮。按照图 5-41 修改 4 个按钮的标题和列表框、文本编辑框中的文字。

③ 修改控件属性，见表 5-5。

图 5-41 【例 5-5】运行效果

表 5-5 修改控件属性

控件	ID
列表框	IDC_LST_COURSE
文本编辑框	IDC_EDT_TEXT
"添加"按钮	IDC_BTN_ADD
"删除"按钮	IDC_BTN_DEL
"取值"按钮	IDC_BTN_GET
"修改"按钮	IDC_BTN_MOD

④ 连接变量。在类向导中为列表框和文本编辑框添加变量，如图 5-42 所示。选择值类型时，列表框选择 CListBox 类型，文本框选择 CString 类型。

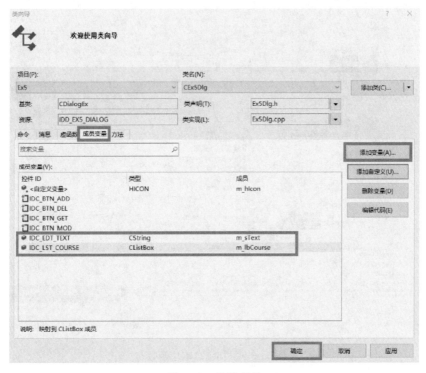

图 5-42 连接变量

完成后在主对话框类定义中可以看见：

```
CString m_sText;
CListBox m_lbCourse;
```

⑤ 修改、添加相关消息响应函数。修改主对话框类的 OnInitDialog()：

```
BOOL CEx5Dlg::OnInitDialog()
{
    ……
    // TODO：在此添加额外的初始化代码
    m_lbCourse.AddString(_T("数字媒体基础"));
    m_lbCourse.AddString(_T("C＋＋程序设计"));
    m_lbCourse.AddString(_T("Java 程序设计"));
    m_lbCourse.AddString(_T("游戏开发技术"));
    return TRUE;   // 除非将焦点设置到控件,否则返回 TRUE
}
```

⑥ 使用类向导为四个按钮添加消息响应函数。在类向导的对话框中，选择"命令"选项卡，分别为四个按钮添加单击响应函数（BN ＿ CLICKED），随后点击"添加处理程序"，即可完成添加，并在下框看到操作结果，如图 5-43 所示。

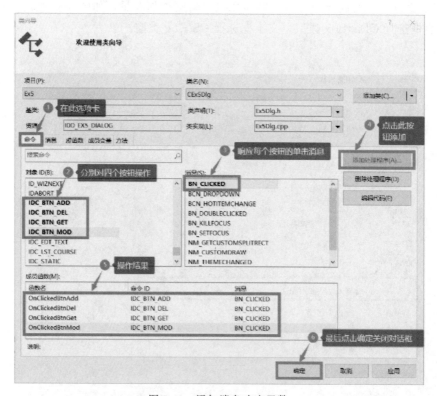

图 5-43　添加消息响应函数

⑦ 修改按钮消息响应函数代码。使用类视图或解决方案管理器找到刚刚添加的四个按钮消息响应函数，修改它们的代码。

```
void CEx5Dlg::OnClickedBtnAdd()
{
    // TODO: 在此添加处理程序代码
    UpdateData(TRUE);
    m_lbCourse.AddString(m_sText);
    m_sText = "";
    UpdateData(FALSE);
}
void CEx5Dlg::OnClickedBtnDel()
{
    // TODO: 在此添加处理程序代码
    int n = m_lbCourse.GetCurSel();
    m_lbCourse.DeleteString(n);
}
void CEx5Dlg::OnClickedBtnGet()
{
    // TODO: 在此添加处理程序代码
    CString s;
    int n = m_lbCourse.GetCurSel();
    m_lbCourse.GetText(n,s);
    m_sText = s;
    UpdateData(FALSE);
}
void CEx5Dlg::OnClickedBtnMod()
{
    // TODO: 在此添加处理程序代码
    UpdateData(TRUE);
    int n = m_lbCourse.GetCurSel();
    m_lbCourse.DeleteString(n);
    m_lbCourse.InsertString(n,m_sText);
    m_sText = "";
    UpdateData(FALSE);
}
```

⑧ 编译，运行。此时，可看到图 5-41 的效果。

5.5.2　组合框

组合框（图 5-44）是列表框和编辑框组合起来的一个控件，其类关系如图 5-19（e）所示。

对于组合框，最需要关注的属性如下。

① Type：组合框形式。包括以下可选的形式：Simple，列表始终展开，文本框可编辑；DropDown，点击下拉箭头时列表才展开，文本框可编辑；下拉列表，点击下拉箭头列表才

展开，只能选择，文本框不能编辑。几种形式的区别可见图 5-45。

② Data：输入列表框初始数据，以英文分号";"分隔。

最常用的组合框的 CComboBox 重要函数为 GetLBText()，其功能为获得文本框的字符串。

形式 1：

$$int\ GetLBText(\ int\ nIndex, LPTSTR\ lpszText\ )\ const;$$

形式 2：

$$void\ GetLBText(\ int\ nIndex, CString\&\ rString\ )\ const;$$

组合框最常使用的消息如下。

① CBN _ SELECTCHANGE：选项改变消息。

② CBN _ EDITCHANGE：编辑框中文本改变的消息。

图 5-44　组合框

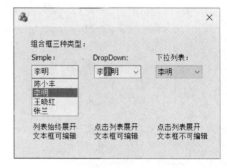

图 5-45　组合框三种形式

【例 5-6】编写一个基于组合框的对话框程序，在对话框中选择手机品牌和填写订购数量。然后点击确定按钮，用 MessageBox 显示选择的信息。程序运行效果如图 5-46 所示。

程序开发步骤如下。

① 创建基于对话框的 MFC 应用程序框架。

(a) 对话框界面

(b) 信息确认消息框

图 5-46　【例 5-6】程序运行效果

② 放置控件。放入两个静态文本、一个组合框、一个文本编辑框、一个按钮，并按图 5-46（a）设置静态文本和按钮控件的标题。

③ 设置控件属性，见表 5-6。

表 5-6　设置控件属性

控件	ID	Type	Data
组合框	IDC_CBO_BRAND	下拉列表	华为;小米;三星;苹果
文本编辑框	IDC_EDT_NUM		
按钮	IDC_BTN_OK		

④ 连接变量。使用类向导为组合框和文本框添加变量，如图 5-47 所示，变量名称为 m_sBrand 和 m_sNumber，值类型均为 CString。

⑤ 添加消息响应函数。使用类向导为按钮添加点击的消息响应函数（BN_CLICKED），如图 5-48 所示。函数名称采用默认生成的 OnClickedBtnOk 即可。

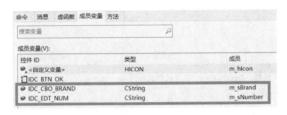

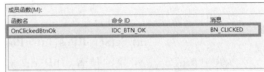

图 5-47　连接变量　　　　　　　　　图 5-48　添加消息响应函数

在新增的消息响应函数中添加以下代码。

```
void CEx6Dlg::OnClickedBtnOk()
{
    // TODO：在此添加控件通知处理程序代码
    UpdateData(TRUE);
    CString s;
    s = "您计划采购的手机品牌:";
    s = s + m_sBrand;
    s = s + _T("\n");
    s = s + _T("数量:");
    s = s + m_sNumber;
    MessageBox(s);
}
```

⑥ 编译，运行。此时可看到如图 5-46 所示的运行效果。

5.6　滚动条

滚动条（图 5-49）是延展窗口或控件显示空间的控件。滚动条分为水平和垂直两种，水平滚动条是工具箱中的 Horizontal Scroll Bar，垂直滚动条是工具箱中的 Vertical Scroll Bar。

图 5-49　滚动条

滚动条的最常使用的成员函数如下。

① SetScrollRange()：设置最大值和最小值。

形式：

void SetScrollRange(int nMinPos,int nMaxPos,BOOL bRedraw ＝ TRUE);

参数中，nMinPos 为滚动条对应的最小值，nMaxPos 为最大值，bRedraw 为 TRUE 时滚动条重画。

② SetScrollPos()：设置滑块的位置。

形式：

int SetScrollPos(int nPos,BOOL bRedraw＝TRUE);

参数中，nPos 是滑块的位置，bRedraw 为 TRUE 时滚动条重画。

滚动条也常常需要修改消息响应函数，然而滚动条本身没有消息，但是对话框却能接收到 WM ＿ Hscroll（WM ＿ Vscroll），其消息响应函数的形式为：

```
void C＊＊＊Dlg::OnHScroll(UINT nSBCode,UINT nPos,CScrollBar＊ pScrollBar)
{
    // TODO: Add your message handler code here and/or call default
    ……此处加入新代码……
    CDialog::OnHScroll(nSBCode,nPos,pScrollBar);
}
```

OnHScroll() 的参数含义为：nSBCode 为用户正进行的操作，每个值的含义见表 5-7；nPos 为滑块当前位置；pScrollBar 为滚动条指针，指向用户正在操作的滚动条。

表 5-7　滚动条参数值

nSBCode 值	含义（用户正在进行的操作）
SB_THUMBTRACK	拖动滑块
SB_LINELEFT/SB_LINEUP	单击向上（左）的箭头
SB_LINERIGHT/SB_LINEDOWN	单击向下（右）的箭头
SB_PAGELEFT/SBPAGEUP	单击向上（左）箭头与滚动块之间的区域
SB_PAGERIGHT/SBPAGEDOWN	单击向下（右）箭头与滚动块之间的区域

【例 5-7】编写一个具有滚动条的对话框程序，实现如下功能：滚动条最小值为 0，最大值为 100，单击滚动条两端箭头时滑块移动的增量值为 1，单击滚动条中的空白处（滑块与两端箭头之间的区域）时滑块移动的增量值为 10。另有一个只读的编辑框，显示了滑块当前位置所代表的值，如图 5-50 所示。

程序开发步骤如下。

图 5-50　【例 5-7】运行效果

① 创建基于对话框的 MFC 应用程序框架。

② 放置控件。按照图 5-50 放置 1 个滚动条和 1 个文本编辑框。

③ 修改控件属性，见表 5-8。

表 5-8　修改控件属性

控件	ID	Disabled
滚动条	IDC_SCR_BAR	FALSE
文本编辑框	IDC_EDT_NUM	

④ 连接变量。为滚动条和文本编辑框添加变量，变量名称分别为 m_nVal 和 m_scrBar，值类型分别为 int 和 CScrollBar，如图 5-51 所示。

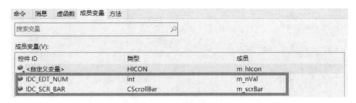

图 5-51　连接变量

⑤ 添加消息响应函数。在 OnInitDialog() 中完成初始化。

```
BOOL CScrollBarDlg::OnInitDialog()
{
    ……
    // TODO：在此添加额外的初始化代码
    m_scrBar.SetScrollRange(0,100);     //设置滚动条最大最小值
    m_scrBar.SetScrollPos(50);          //设置滑块位置
    m_nVal = 50;                        //初始时，编辑框显示 50
    UpdateData(FALSE);                  //更新编辑框显示的内容
    return TRUE;       // 除非将焦点设置到控件,否则返回 TRUE
}
```

⑥ 在类向导里为对话框添加 WM_HSCROLL 的消息响应函数 OnHScroll()，如图 5-52 所示。

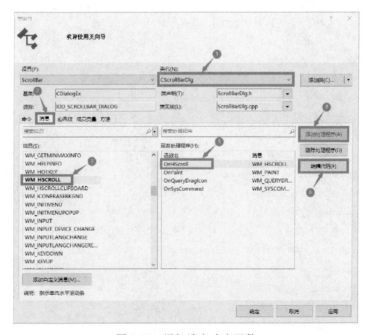

图 5-52　添加消息响应函数

⑦ 对 OnHScroll() 添加代码。

```
void CScrollBarDlg::OnHScroll(UINT nSBCode,UINT nPos,CScrollBar *
                              pScrollBar)
{
    // TODO：在此添加消息处理程序代码和/或调用默认值
    if (pScrollBar == &m_scrBar){
        int nCurrentPos;
        switch (nSBCode) {
        case SB_THUMBTRACK：  //拖动滚动滑块时
            m_scrBar.SetScrollPos(nPos);
            m_nVal = nPos;
            break;
        case SB_LINELEFT:              //单击滚动条向左的箭头
            nCurrentPos = m_scrBar.GetScrollPos();
            nCurrentPos -= 1;
            if (nCurrentPos < 0)
                nCurrentPos = 0;
            m_scrBar.SetScrollPos(nCurrentPos);
            m_nVal = nCurrentPos;
            break;
        case SB_LINERIGHT:           //单击滚动条向右的箭头
            nCurrentPos = m_scrBar.GetScrollPos();
            nCurrentPos += 1;
            if (nCurrentPos > 100)
                nCurrentPos = 100;
            m_scrBar.SetScrollPos(nCurrentPos);
            m_nVal = nCurrentPos;
            break;
        case SB_PAGELEFT:            //单击左箭头和滑块之间区域
            nCurrentPos = m_scrBar.GetScrollPos();
            nCurrentPos -= 10;
            if (nCurrentPos < 0)
                nCurrentPos = 0;
            m_scrBar.SetScrollPos(nCurrentPos);
            m_nVal = nCurrentPos;
            break;
        case SB_PAGERIGHT:            //单击右箭头和滑块之间区域
            nCurrentPos = m_scrBar.GetScrollPos();
            nCurrentPos += 10;
            if (nCurrentPos > 100)
                nCurrentPos = 100;
            m_scrBar.SetScrollPos(nCurrentPos);
            m_nVal = nCurrentPos;
            break;
```

```
        }
    }
    UpdateData(FALSE);
    CDialogEx::OnHScroll(nSBCode,nPos,pScrollBar);
}
```

⑧ 编译，运行。此时，可看到图 5-50 的运行效果。

至此，本章介绍了静态文本框、按钮、文本编辑框、框架、单选按钮、复选框、列表框、组合框和滚动条这些最常用的控件。实际上 MFC 中还提供了图像框（Picture Control）、滑动条（Slider Control）、进度条（Progress Control）、选项卡（Tab Control）、动画控件（Animation Control）等非常丰富的控件。篇幅所限，本章不能一一介绍，需进一步了解的读者请参考微软 MSDN 网站。

思考与练习

1. 编写一个基于对话框的应用程序，要求有 0～9 的按钮、加减乘除按钮、等于按钮和用于显示算式和结果的编辑框。

2. 编写一个基于对话框的应用程序，实现求语文、数学、英语三科平均成绩。

3. 编写一个基于对话框的应用程序，程序对话框中有三个编辑框以及一个按钮，在三个编辑框中分别输入姓名、班级和学号，点击按钮，弹出消息框显示输入的姓名、班级和学号。

4. 编写一个基于对话框的应用程序，实现点击按钮，在客户区用楷体字输出一行字"这是楷体字"。

5. 编写一个基于对话框的应用程序，实现求小明、小王、小李身高的最大值。

6. 编写一个基于对话框的应用程序，此程序上有一个名为编号的编辑框，可用来输入学生的编号，有一个名为随机选题的按键，点击后将在另一个名为选题结果的编辑框中出现随机选出的题号。

7. 设计一个彩票机程序（提供自动摇号功能）。当第一次单击"摇号"按钮时，7 个编辑框不停弹出随机数（500ms 一次），进度条向前滚动，再次单击时，进度条停止滚动，7 个编辑框产生一个随机数。

第6章 MFC 文档视图应用程序

除了基于对话框的应用程序外，我们经常还会使用到文件编辑类的程序，例如 Word、Excel、AutoCAD、3ds Max 等，这些程序的特点是有菜单、有工具栏，还有文件编辑区域，可以使用鼠标和键盘对文件进行编辑等。对于这类程序的开发，MFC 提供了一种文档/视图程序框架。本章将介绍如何使用这种框架来开发文档视图类的程序，其中将涉及绘图和文字处理、定时器、鼠标与键盘消息处理、菜单、工具栏以及在文档视图中使用对话框等知识。

6.1 文档/视图结构

首先，需要介绍一下文档结构和视图结构的基本概念。

文档是应用程序中与用户交互的数据集合。虽然"文档"这个词语似乎意味着某种文本的本质，但文档绝不仅仅限于文本。文档实际上可以是游戏数据、几何模型、文本文件、数据库等数据集合。"文档"这个术语只是一种方便的标签，表示作为整体对待的应用程序中的应用数据。

视图则是为用户显示数据的用户界面，通常表现为程序中的某个或某些窗口或子窗口。视图总是与特定的文档对象相关的。文档对象包含程序中的一组应用数据，而视图对象可以提供一种机制来显示文档中存储的部分或全部数据。视图定义了在窗口中显示数据的方式以及与用户交互的方式。程序开发者从 MFC 类的 CView 派生，就可以定义自己的视图类。

6.1.1 文档/视图结构的特点

如上所述，文档负责数据的管理，视图负责数据的显示。这种数据的管理与显示分离的思想简化了开发的过程。

程序中的文档是作为文档类的对象定义的，文档类是从 CDocument 类派生的，需要添加数据成员来存储应用程序需要的数据，还要添加成员函数来支持对数据的处理。

MFC 的文档/视图框架包含单文档界面框架（single document interface，SDI）和多文

114

档界面框架（multiple document interface，MDI）。顾名思义，单文档界面的程序运行时只能打开一个文件进行处理。例如 Word、3ds Max 都是典型的单文档界面程序，一个这些程序的进程只能显示和编辑一个文件（当然，可以同时打开多个进程）。而多文档界面的程序运行时能打开多个文件进行处理。例如 Photoshop、Visual Studio 就是典型的多文档界面程序，一个这些程序的进程里可以同时显示和编辑多个文件。由于篇幅所限，下面主要以单文档界面程序为例来进行各个知识点的讲解。

6.1.2　文档/视图程序的开发过程

文档/视图程序的开发过程可分为三步：①建立应用程序框架；②编辑资源（视需要可选）；③添加、编写消息处理函数。

下面通过一个例子来理解文档/视图程序的开发过程。

【例 6-1】编写文档/视图程序，在视图中显示"Hello Doc-View Program!"字样（图 6-1）。

图 6-1　【例 6-1】运行效果

程序开发步骤如下。

（1）创建基于文档视图的应用程序框架

以 VS2022 为例，首先点击"创建新项目"，再选择"MFC 应用"，再单击"下一步"。将工程命名为"HelloDocView"，再选择合适的位置进行存储，再单击"下一步"，然后在"应用程序类型"中选择"单个文档"，在"项目样式"中选择"MFC standard"，再单击完成即可完成创建，如图 6-2 所示。

(a) 步骤页1　　　　　(b) 步骤页2

图 6-2

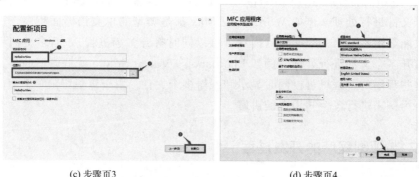

(c) 步骤页3 　　　　　　　　　　　　　(d) 步骤页4

图 6-2　程序创建步骤

创建完成后，单击"本地 Windows 调试器"进行编译运行（图 6-3），可以看到如图 6-4 所示的程序运行结果。

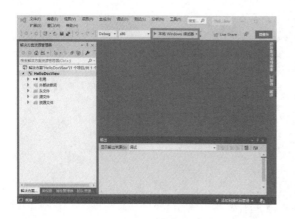

图 6-3　运行 　　　　　　　　　　　　　图 6-4　运行结果

目前一句代码都还没写，就已经有一个可以运行的文档/视图程序了。VS 为我们搭好了一个程序框架。如果想修改对话框和程序的功能，只需在这个框架中找到对应的地方加入或修改代码即可。

从类视图（图 6-5）窗口中可以看到，在文档视图框架中，有以下五个类。

① CAboutDlg。这是"关于对话框"的类。在程序运行窗口上点击菜单"帮助-关于……"就可以弹出这个关于对话框。

② C＊＊＊App。"＊＊＊"是工程名称的文字。这是应用程序类，负责程序的启动、结束等进程管理事务。

③ C＊＊＊Doc。这是文档类，负责文档数据管理、储存、读取等事务。

④ C＊＊＊View。这是视图类，负责文档或程序数据的显示。

⑤ CMainFrame。这是主框架类，负责视图和菜单、工具栏等界面元素的整合。

（2）本程序无须编辑资源

该步省略。

（3）添加、编写消息处理函数

本程序需对视图类已有的重绘函数 OnDraw()进行修改，如图 6-6 所示，在"类视图"

中找到 CMFCApplication1View，再双击下面的 OnDraw 函数，进入代码界面，再添加如下
代码。

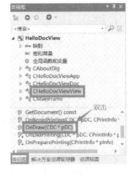

图 6-5　类视图　　　　　　　　　　　　图 6-6　添加消息处理函数步骤

```
void CHelloDocViewView::OnDraw(CDC * pDC)
{
    CHelloDocViewDoc * pDoc = GetDocument();  //取得文档指针
    ASSERT_VALID(pDoc);  //检查文档指针是否有效
    if (! pDoc)  //如果文档指针为空则返回
        return;
    //TODO: 在此处为本机数据添加绘制代码
    //绘制一个左上角为(100,100),右下角为(320,140)的矩形
    //绘制矩形。注意屏幕坐标是以左上角为原点,Y坐标向下
    pDC->Rectangle(100, 100, 320, 140);
    //以(110,110)为起点输出字符串
    pDC->TextOutW(110, 110, _T("Hello Doc-View Program!"));
}
```

编译，运行，就可以看到图 6-1 的效果。

注意：不要忘记声明指针 pDC，否则程序会报错。

6.2　绘图与文字

要进行绘图和文字输出，一般可以在视图类的 OnDraw 函数中进行，常常用到的类有
Graphics 类、画笔（Pen）类、画刷（Brush）类、位图（Bitmap）类和字体（Font）类等，
下面对它们分别进行介绍。

6.2.1　OnDraw 函数

OnDraw()函数在视图需要重绘时自动调用，例如客户区改变、最小化变最大化、程序
自己申请重新绘制（调用 Invalidate 函数）等情形。它的功能主要是用于重新绘制视图中的
内容。

OnDraw（）函数的实现如下所示。

```
void C＊＊View:,OnDraw(CDC＊ ／＊pDC＊／)
{
    CMFCApplicationlDoc＊ pDoc ＝ GetDocument();
    ASSERT_VALID(pDoc);
    if (！pDoc)
        return;

    // TODO: 在此处为本机数据添加绘制代码
}
```

绘制相关的代码主要都在 OnDraw()函数中书写。

6.2.2　Graphics 类

首先介绍 DC（device context），有的书译成"设备上下文"，有的书译成"设备描述表"，它是一种与设备无关的图形设备环境数据结构。程序员用户只管用这个设备描述表里面的函数画图，而不必关心硬件是何种显卡或何种打印机，设备描述表会对接好所有这些显示设备硬件。

实际进行绘制时需要用到 Graphics 对象，Graphics 类提供绘制线条、曲线、图形、图像和文本的方法。创建 Graphics 对象需要用到 DC 的句柄 HDC。

Graphics 类的成员函数的返回值总是 Status，其指示着函数调用的结果，调用成功返回 OK。

Graphics 中常用的成员函数如下。

（1）文字输出

Status DrawString（const WCHAR ＊ string，INT length，

const Font ＊ font，const PointF & origin，const Brush ＊ brush）；

参数中，string 是要绘制的宽字符字符串的指针，length 是指定字符串数组中的字符数的整数，font 是指向一个字体对象的指针，该对象指定要使用的字体属性（系列名称、大小和字体样式），origin 是对指定字符串起点的 PointF 对象的引用（二维坐标的结构体），brush 是指向用于填充字符串的笔刷对象的指针。

（2）画线

Status DrawLine（const Pen ＊ pen，const Point & pt1，const Point & pt2）；

参数 pen 是画笔的引用，pt1、pt2 分别代表线段的起点和终点的坐标，Point 是封装了二维坐标的结构体。

（3）画矩形

Status DrawRectangle（const Pen ＊ pen，const Rect & rect）；

参数 pen 是画笔的引用，rect 是矩形对象的引用，其中包含了矩形的左上角坐标、矩形的宽度和高度。

（4）画椭圆

Status DrawEllipse（const Pen ＊ pen，const Rect & rect）；

参数的含义同上面的 Rectangle 函数。

（5）画多边形

Status DrawPolygon（const Pen ＊ pen, const PointF ＊ points, INT count）；

参数中，pen 是画笔的引用，points 表示点数组的指针，描述这个多边形每个顶点的坐标，count 表示数组元素的数量，即表示这个多边形有多少个顶点。

（6）获取客户区的大小

程序在画图的时候，经常需要查看一下视图中客户区（即给程序员操作画图的区域）有多大。使用以下函数查询：

Status GetVisibleClipBounds（Rect ＊ rect）const；

参数 rect 是一个矩形指针，函数调用后，指针所指的矩形就返回了客户区矩形的数据。

注意：以上所有函数和数据结构，使用的坐标系是 Y 轴向下的坐标系。坐标系的原点在客户区的左上角，向右是 X 轴的正方向，向下是 Y 轴的正方向。在各种计算机语言和绘图接口中，大部分都是使用这种 Y 轴向下的坐标系作为屏幕坐标系。

【例 6-2】绘制 $x=(-3,3)$ 之间的曲线 $y=\dfrac{1}{3^3}x^3$。

程序开发步骤如下。

（1）创建单文档的 MFC 程序框架

具体的步骤参见【例 6-1】中的第（1）步，此处不再重复。工程名称起名为 XPower3。

（2）引入 GDI＋

GDI＋中包含了 Graphics 类的定义。

① 在程序中使用 GDI＋命名空间。具体方法是修改 pch.h 文件，在该头文件的结尾处加入下列的代码。

```
＃include ＜GdiPlus.h＞      //引入 GDI＋头文件
using namespace Gdiplus;      //使用 GDI＋的命名空间
＃pragma comment( lib, "gdiplus.lib" )   //引入静态库文件
```

② 初始化。在使用 GDI＋的资源之前，应该通过 GdiplusStartup 函数进行 GDI＋系统资源的初始化操作；而在程序结束前，也应该通过 GdiplusShutdown 函数进行 GDI＋资源的销毁操作。这两项工作，分别可以在 CXPower3App 应用类的 InitInstance（初始化进程）函数和 CXPower3App 类的 ExitInstance（销毁进程）函数中进行。

首先需要在 CXPower3App 中增加一个全局变量，以表明对 GDI＋的一个引用，在使用 GdiplusStartup 函数时，该变量已经被初始化。在使用 GdiplusShutdown 函数时，通过对该变量 gdiplusToken 的访问，完成对 GDI＋资源的销毁工作。打开 CXPower3App.cpp，添加代码。

```
......
＃ifdef _DEBUG
＃define new DEBUG_NEW
＃endif

ULONG_PTR gdiplusToken;      //全局变量,表明对 GDI＋的一个引用
......
```

接着在 CXPower3App 的 InitInstance() 函数中增加 GDI+ 函数的初始化操作。

```
BOOL CXPower3App::InitInstance()
{
    ......
    InitCommonControlsEx(&InitCtrls);

    //GDI+系统资源的初始化
    GdiplusStartupInput gdiplusStartupInput;
    GdiplusStartup(&gdiplusToken, &gdiplusStartupInput, NULL);

    CWinApp::InitInstance(); // GDI+系统资源的初始化的代码需要放在该代码前

    ......
    return TRUE;
}
```

最后，使用完 GDI+ 后在 CXPower3App:: ExitInstance () 函数中将其销毁。

```
int CXPower3App::ExitInstance()
{
    //TODO：处理可能已添加的附加资源
    AfxOleTerm(FALSE);

    GdiplusShutdown(gdiplusToken);

    return CWinApp::ExitInstance();
}
```

经过上述三个步骤，一个完整的 GDI+ 程序的框架已经搭建完毕，其他只需在 CXPower3App::OnDraw(CDC * pDC) 函数中添加相应的代码即可，本小节后续内容讲解都建立在读者已引入 GDI+ 的前提下进行。

（3）添加和编写消息处理函数

在重绘处理函数 OnDraw() 中添加代码。

```
void CXPower3View::OnDraw(CDC * /* pDC */)
{
    CXPower3Doc * pDoc = GetDocument();
    ASSERT_VALID(pDoc);
    if（! pDoc)
        return;
    // TODO：在此处添加绘制代码
    HDC hdc = ::GetDC(m_hWnd); // 获取 DC 句柄
    Gdiplus::Graphics graphics(hdc); // 创建 Graphics 对象
```

```
//创建画笔和画刷
Pen pen(Color(255, 0, 0, 0), 1);
SolidBrush brush(Color(255, 0, 0, 0));


//取视图中心点,把原点画在那里
Rect rect;
graphics.GetVisibleClipBounds(&rect);
int nOx = rect.Width / 2;
int nOy = rect.Height / 2;


//X轴
Point xBegin(nOx - 350, nOy);
Point xEnd(nOx + 350, nOy);
graphics.DrawLine(&pen, xBegin, xEnd);
//X轴箭头
//定义箭头的三个点
PointF points1[3];
points1[0].X = nOx + 350;
points1[0].Y = nOy - 5;
points1[1].X = nOx + 350;
points1[1].Y = nOy + 5;
points1[2].X = nOx + 370;
points1[2].Y = nOy;
//根据三个点组成箭头形状
graphics.DrawPolygon(&pen, points1, 3);
graphics.DrawString(_T("X"), 1, &Gdiplus::Font(L"Arial", 8), PointF(nOx
            + 350, nOy - 30), &brush);


//Y轴
Point yBegin(nOx, nOy - 150);
Point yEnd(nOx, nOy + 150);
graphics.DrawLine(&pen, yBegin, yEnd);
//Y轴箭头
PointF points2[3];
points2[0].X = nOx - 5;
points2[0].Y = nOy - 150;//注意屏幕坐标Y轴正方向向下,画图却要把正方向画成向上
points2[1].X = nOx + 5;
points2[1].Y = nOy - 150;
points2[2].X = nOx;
points2[2].Y = nOy - 170;
graphics.DrawPolygon(&pen, points2, 3);
graphics.DrawString(_T("Y"), 1, &Gdiplus::Font(L"Arial", 8), PointF(nOx
            + 10, nOy - 170), &brush);
```

```
//X 轴刻度
int i;
for (i = -3; i <= 3; i++) {
    graphics.DrawLine(&pen, Point(nOx - 100 * i, nOy), Point(nOx - 100
            * i, nOy - 10));
}

//Y 轴刻度
for (i = -1; i <= 1; i++) {
    graphics.DrawLine(&pen, Point(nOx, nOy - 100 * i), Point(nOx - 10,
            nOy - 100 * i));
}

//函数曲线
brush.SetColor(Color(255, 255, 0, 0)); // 设置画刷颜色为红色
double dX, dY;
int nScreenX, nScreenY;
for (dX = -3; dX < 3; dX += 0.01) {
    dY = dX * dX * dX / 27;
    //将图形扩大 100 倍,计算屏幕位置并四舍五入
    nScreenX = int(nOx + 100 * dX + 0.5);
    nScreenY = int(nOy - 100 * dY + 0.5);
    graphics.FillEllipse(&brush, nScreenX, nScreenY, 2, 2); // 画点
}
}
```

编译，运行，可看到如图 6-7 所示的效果。

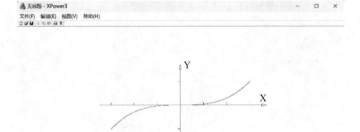

图 6-7　函数曲线

6.2.3　画笔

使用 Graphics 对象绘图时需要用到画笔（Pen）对象。之前的例子已经使用过了画笔，

接下来对其相关成员函数的参数进行讲解。

（1）void Pen（const Color & color，REAL width）；

此函数为画笔的构造函数，可用其创建一支画笔，其中 color 是一个封装了 rgba 四种分量的结构体引用，用以表示画笔的颜色，width 是用于指定画笔宽度的实数。

（2）Status SetDashStyle（DashStyle dashStyle）；

此函数用于指定画笔的样式，dashStyle 是一个枚举变量，其指定用 Windows GDI 画笔绘制的线条样式。可以使用多个预定义样式之一或自定义样式绘制线条，枚举值如下。

DashStyleSolid：实线。

DashStyleDash：短线虚线。

DashStyleDot：点虚线。

DashStyleDashDot：点画线。

DashStyleDashDotDo：双点画线。

DashStyleCustom：用户定义的自定义虚线。

例如要画一条如图 6-8 所示的 3 像素宽的红色虚线，可在 OnDraw()中使用如下代码。

图 6-8　绘制红色虚线

```
HDC hdc = ::GetDC(m_hWnd); // 获取 DC 句柄
// 创建 Graphics 对象
Gdiplus::Graphics graphics(hdc);

// 创建颜色为红色,宽度为 3 的画笔
Pen pen(Color(255, 255, 0, 0), 3);
// 设置画笔样式为虚线
pen.SetDashStyle(DashStyleDash);

Point begin(10, 10); // 线段起点
Point end(50, 50); // 线段终点
graphics.DrawLine(&pen, begin, end); // 调用 DrawLine()画线
```

6.2.4　画刷

封闭的图形（如矩形或椭圆形）由轮廓和内部组成。轮廓是用 Pen 对象绘制的，内部

用 Brush 对象填充。Brush 是一个抽象基类，要想创建具体的画刷对象往往需要用到其子类，如 SolidBrush、HatchBrush、TextureBrush、LinearGradientBrush 和 PathGradient-Brush。

（1）SolidBrush(const Color& color)；

创建纯色画刷，color 为画刷的颜色。

（2）HatchBrush(HatchStyle hatchStyle，const Color& foreColor，const Color& back-Color = Color())；

创建阴影线画刷，hatchStyle 用于指定阴影线样式，foreColor 和 backColor 分别用于指定前景色及背景色，其中前景色是阴影线的颜色。

GDI＋提供了在 HatchStyle 中指定的 50 多种阴影线样式。图 6-9 中显示的三种样式分别是 Horizontal、ForwardDiagonal 和 Cross。

图 6-9　阴影线样式

（3）TextureBrush(Image * image，WrapMode wrapMode = WrapModeTile)；

创建纹理画刷，通过纹理画刷，可以使用位图中存储的图案来填充形状，image 是作为填充形状的图片引用，wrapMode 是一个枚举对象，表示填充模式，有以下枚举值。

WrapModeTile：指定平铺而不翻转。

WrapModeTileFlipX：指定在从一个磁贴移动到行中的下一个磁贴时水平翻转磁贴。

WrapModeTileFlipY：指定在从一个磁贴移动到列中的下一个磁贴时垂直翻转磁贴。

WrapModeTileFlipXY：指定在沿行移动时水平翻转磁贴，并在沿列移动时垂直翻转。

WrapModeClamp：指定不发生平铺。

（4）LinearGradientBrush(const PointF& point1，const PointF& point2，const Color& color1，const Color& color2)；

创建颜色渐变画刷，point1 和 point2 分别用于指定渐变的起点及终点，color1 和 color2 分别用于指定渐变起点及终点的颜色。如图 6-10 所示是一个起点在左边，终点在右边，起点颜色为蓝色，终点颜色为绿色的颜色渐变例子。

例如要使用一个纯色画刷和阴影线画刷画两个如图 6-11 所示的圆，可以在 OnDraw() 使用如下代码。

图 6-10　颜色渐变例子

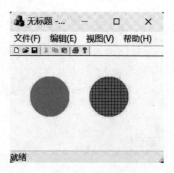

图 6-11　画圆

```
HDC hdc = ::GetDC(m_hWnd); // 获取 DC 句柄
Gdiplus::Graphics graphics(hdc); // 创建 Graphics 对象

// 创建纯色画刷
SolidBrush solidBrush(Color(255，0，255，0));
// 创建阴影线画刷
HatchBrush hatchBrush(HatchStyleCross, Color(255,
            255，0，0), Color(255，0，255，0));

// 画圆
Rect rect1(50，50，100，100);
Rect rect2(200，50，100，100);
graphics.FillEllipse(&solidBrush, rect1);
graphics.FillEllipse(&hatchBrush, rect2);
```

6.2.5　位图

Image 类提供用于加载和显示光栅图像及矢量图像的基本方法。从 Image 类继承的 Bitmap 类提供了用于加载、显示和操作光栅图像的更专用的方法，与显示位图相关的重要函数如下。

（1）void Bitmap（const WCHAR * filename，BOOL useEmbeddedColorManagement＝0）；

此函数用于创建一个位图实例，参数中 filename 为指向指定图像文件路径名称的以 NULL 结尾的字符串的指针。useEmbeddedColorManagement 为可选参数，指定新 Bitmap::Bitmap 对象是否根据嵌入在图像文件中的颜色管理信息应用颜色更正的布尔值。嵌入式信息可能包括国际颜色联盟（ICC）配置文件、伽马值和色度信息。TRUE 指定已启用颜色更正，FALSE 指定未启用颜色更正。默认值为 FALSE。

（2）Graphics::DrawImage（Image * image，IN REAL x，IN REAL y）；

此函数可以用于绘制图片，其中 image 是一个指向图片实例的指针，x 和 y 分别代表绘制图片的左上角坐标。

【例 6-3】使用 Bitmap 和 DrawImage 在视图中显示位图。

程序开发步骤如下。

① 创建单文档的 MFC 程序框架。工程名称起名为 DisplayBmp 并引入 GDI＋资源（详见【例 6-2】）。

② 准备好一张位图。添加位图，如图 6-12 所示。

③ 编写消息处理函数。对 OnDraw()函数进行修改。

```
void CDisplayBmpView::OnDraw(CDC * pDC)
{
    CDisplayBmpDoc * pDoc = GetDocument();
```

```
ASSERT_VALID(pDoc);
if (! pDoc)
    return;
 // TODO: 在此处为本机数据添加绘制代码
HDC hdc = ::GetDC(m_hWnd); // 获取 DC 句柄
Gdiplus::Graphics graphics(hdc); // 创建 Graphics 对象


// 根据位图的路径加载位图
Bitmap bitMap(L". /res/位图 .bmp");
graphics. DrawImage(&bitMap, 0, 0);
}
```

得到的最终结果如图 6-13 所示。

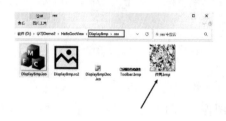

图 6-12　添加位图

图 6-13　【例 6-3】的最终结果

6.2.6　字体

绘制字体需要用到 Font 类、笔刷和 DrawString 函数，接下来介绍用到的这几个函数的参数。

（1）Font（const FontFamily * family，REAL emSize，INT style = FontStyleRegular，Unit unit = UnitPoint）；

此函数用于创建 Font 对象，参数 family 为指向 FontFamily 对象的指针，该对象指定标识字体系列的字符串和字体系列在设计单元中测量的文本指标等信息。emSize 用于指定字体大小，style 用于指定字体样式（如斜体、加粗等），unit 用于指定字号的度量单位。

（2）void FontFamily（const WCHAR * name，const FontCollection * fontCollection）；

此函数基于指定的字体系列创建 FontFamily，参数 name 用于指定字体系列的名称，fontCollection 为可选参数，指向 FontCollection 对象的指针，该对象指定字体系列所属的集合。如果 FontCollection 为 NULL，则此字体系列不是集合的一部分。默认值为 NULL。

（3）Status DrawString（const WCHAR * string，INT length，const Font * font，const PointF & origin，const Brush * brush）；

此函数基于字符串的字体和源绘制字符串，参数 string 为指向要绘制的宽字符字符串的指针。length 用于指定字符串数组中的字符数的整数。如果字符串为 NULL 终止，则可以将长度参数设置为－1。font 为指定字体对象的指针，origin 用于指定绘制字符串的坐标位置，brush 为指向用于填充字符串的画刷指针。

【例 6-4】使用字体输出文字，结果如图 6-14 所示。

图 6-14　输出字体文字

程序开发步骤如下。

① 创建单文档的 MFC 程序框架。工程名称起名为 FontExample。

② 引入 GDI＋资源。详见【例 6-2】。

③ 添加和编写消息处理函数。只需在重绘处理函数 OnDraw()中添加代码。

```cpp
void CFontExampleView::OnDraw(CDC * pDC)
{
    CFontExampleDoc * pDoc = GetDocument();
    ASSERT_VALID(pDoc);
    if (! pDoc)
        return;
    // TODO：在此处为本机数据添加绘制代码
    HDC hdc = ::GetDC(m_hWnd); // 获取 DC 句柄
    Gdiplus::Graphics graphics(hdc); // 创建 Graphics 对象

    // 创建 FontFamily 对象
    Gdiplus::FontFamily fontFamily(L"华文新魏");
    // 根据 FontFamily 对象创建 Font 对象
    Gdiplus::Font font(&fontFamily, 100, FontStyleRegular, UnitPixel);
    // 创建画刷
    SolidBrush brush(Color(255, 0, 0, 0));
    // 绘制字体
    graphics.DrawString(L"C＋＋程序设计", -1, &font, PointF(100, 100), &brush);
}
```

6.3　定时器

定时器，可以帮助开发者或者用户完成定时类任务。在使用定时器时，可以给系统传入一个时间间隔数据，然后系统就会在每个此时间间隔后触发定时处理程序，实现周期性的自动操作。例如，可以在数据采集系统中，为定时器设置定时采集时间间隔为 1 小时，那么每隔 1 小时系统就会采集一次数据，这样就可以在无人操作的情况下准确地进行操作。还有在工业生产中，探测机器人每隔多久去车间扫描一下所有设备是否正常，也是用到了定时器的原理。内部规划好，机器人工作之后就会严格按照规定的流程来执行。

定时器的使用步骤一共有三步：创建定时器；编写定时消息 WM_TIMER 的响应函数；程序结束前撤销定时器。

（1）创建定时器

使用以下函数。

UINT SetTimer（UINT nIDEvent，UINT nElapse，void ＊ lpfnTimer）

参数中，nIDEvent 是定时器标识，可以是任何一个非 0 整数；nElapse 是时间间隔，单位为毫秒；lpfnTimer 是指定一个回调函数的地址，如果该参数为 NULL，则 WM_TIMER 消息被发送到应用程序的消息队列，并被 CWnd 对象处理。

如果此函数成功则返回一个新的定时器的 ID，可以使用此 ID 通过 KillTimer 成员函数来销毁该定时器，如果函数失败则返回 0。

（2）定时消息响应函数

如果调用 CWnd::SetTimer 函数时最后一个参数为 NULL，则通过 WM_TIMER 的消息处理函数来处理定时事件。WM_TIMER 消息的处理函数可以在类向导中添加，为定时响应函数 OnTimer，其形式如下。

void XXXXX::OnTimer(UINT_PTR nIDEvent)
{
// TODO：在此添加消息处理程序代码和/或调用默认值

CDialogEx::OnTimer(nIDEvent)；
}

其中，nIDEvent 指的是定时器的编号。XXXXX 指的是程序中某个类，可以在类向导中选择，但一般选择文档类或视图类。

（3）撤销定时器

不再使用定时器时，可以销毁它。销毁定时器需使用 CWnd 类的成员函数 KillTimer()。

```
BOOL KillTimer（int nIDEvent）;
```

参数 nIDEvent 为要销毁的定时器的 ID，是调用 CWnd::SetTimer 函数时设置的定时器 ID。如果定时器被销毁则返回 TRUE，而如果没有找到指定的定时器则返回 FALSE。如果要销毁多个定时器，则要多次调用这个函数，并传入相应的定时器 ID。

【例 6-5】用定时器实现动画。

程序开发步骤如下。

（1）创建单文档应用程序框架

工程名称起名为 Animate。

（2）编辑资源

首先，准备好动画序列帧图（bmp 文件），如图 6-15 所示。

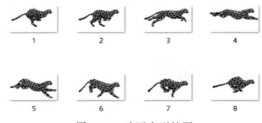

图 6-15　动画序列帧图

其次，将准备好的位图放在项目文件夹 res 路径下，如图 6-16 所示。

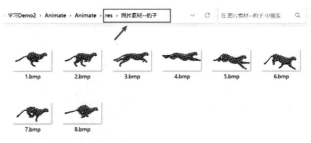

图 6-16　添加位图步骤

（3）引入 GDI＋资源

详见【例 6-2】。

（4）添加、修改相关消息响应函数

① 首先，为 OnDraw() 添加显示一张位图的代码。

```
void CAnimateView::OnDraw(CDC * / * pDC */)
{
    CAnimateDoc * pDoc = GetDocument();
    ASSERT_VALID(pDoc);
    if (! pDoc)
        return;
    // TODO：在此处为本机数据添加绘制代码
    HDC hdc = ::GetDC(m_hWnd); // 获取 DC 句柄
    Gdiplus::Graphics graphics(hdc); // 创建 Graphics 对象

    // 根据位图的路径加载位图
    Bitmap bitMap(L"./res/图片素材--豹子/1.bmp");
    graphics.DrawImage(&bitMap, 0, 100);

}
```

运行代码，得到的结果如图 6-17 所示。

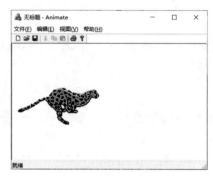

图 6-17　运行结果

② 其次，把各张图片轮播起来才能形成动画。

为此要添加一个控制变量。在视图类头文件中视图类末尾直接添加即可。

```cpp
class CAnimateView : public Cview  {
    ......
private:
    WCHAR * pictures[8] =
    {
        L"./res/图片素材--豹子/1.bmp",
        L"./res/图片素材--豹子/2.bmp",
        L"./res/图片素材--豹子/3.bmp",
        L"./res/图片素材--豹子/4.bmp",
        L"./res/图片素材--豹子/5.bmp",
        L"./res/图片素材--豹子/6.bmp",
        L"./res/图片素材--豹子/7.bmp",
        L"./res/图片素材--豹子/8.bmp"
    }; // 表示轮换的图片路径列表
    int m_nWhich;   //表示当前要播放哪一张图片
};
```

③ 再在视图类构造函数中进行初始化。

```cpp
CAnimateView::CAnimateView() noexcept {
    // TODO：在此处添加构造代码
    m_nWhich = 0;
}
```

④ 然后添加定时消息响应函数 OnTimer()。

如图 6-18 所示，单击"项目"，再单击【类向导】，即可弹出"类向导"对话框。然后如图 6-19 所示，先将类别名选择为【CAnimateView】，再单击【消息】，选择【WM_TIMER】，再单击【添加处理程序】，点击【编辑代码】即可进入代码编辑页面。

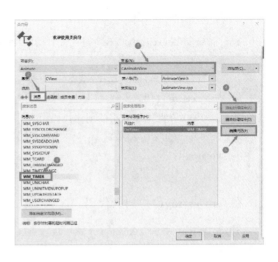

图 6-18　类向导图　　　　　　　　　　　图 6-19　添加处理程序

添加程序得到的代码如下所示。

```
void CAnimateView::OnTimer(UINT_PTR nIDEvent)
{
    // TODO：在此添加消息处理程序代码
    CView::OnTimer(nIDEvent);
}
```

⑤ 仿照上一步，继续在类向导中添加两个消息处理函数。

OnCreate()：视图类开始创建界面时，会向程序发出一个 WM＿CREATE 消息。On-Create()是该消息的响应函数。该函数可以用来做构造函数里不能做的初始化工作。

OnDestroy()：在程序结束前，视图类要销毁自己的窗口，在销毁之前，会向程序发出一个 WM_DESTROY 消息，OnDestroy()是该消息的响应函数。该函数可以用来做析构函数里不能做的清理工作。

对应的消息名称及程序名称如图 6-20 所示。

图 6-20　对应的消息名称及程序名称

⑥ 在 OnCreate()中加入代码。

```
int   CAnimateView::OnCreate(LPCREATESTRUCT lpCreateStruct)
{
    if (CView::OnCreate(lpCreateStruct) == -1)
        return -1;
    // TODO:在此添加专用的创建代码
    SetTimer(1, 200, NULL);   //定时器编号为 1,时间间隔为 200 毫秒
    return 0;
}
```

在 OnDestroy()中加入代码。

```
void CAnimateView::OnDestroy()
{
    CView::OnDestroy();
    // TODO:在此处添加消息处理程序代码
    KillTimer(1);          //撤销 1 号定时器
}
```

在 OnTimer()中添加代码。

```
void CAnimateView::OnTimer(UINT_PTR nIDEvent)
{
    // TODO:在此添加消息处理程序代码和/或调用默认值
    m_nWhich = (m_nWhich + 1) % 8; // 切换轮播
    Invalidate();   //使视图失效,激发重绘函数 OnDraw()
    CView::OnTimer(nIDEvent);
}
```

⑦ 修改 OnDraw(),使其每次播放不同的图片。

```
void CAnimateView::OnDraw(CDC * pDC)
{
    CAnimateDoc * pDoc = GetDocument();
    ASSERT_VALID(pDoc);
    if (! pDoc)
        return;
    // TODO:在此处为本机数据添加绘制代码
    HDC hdc = ::GetDC(m_hWnd); // 获取 DC 句柄
    Gdiplus::Graphics graphics(hdc); // 创建 Graphics 对象

    // 根据位图的路径加载位图
    Bitmap bitMap(pictures[m_nWhich]);
    graphics.DrawImage(&bitMap, 0, 100);
}
```

至此，如图 6-21 所示，动画已可以播放，但豹子只是在原地跑。

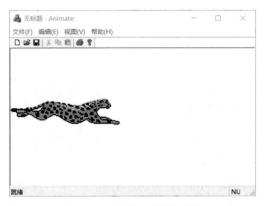

图 6-21 豹子原地图片轮换

⑧ 为了让豹子真正跑起来，需要控制每次位图显示的位置。为此，再加入一个控制位图水平显示位置的变量。

```cpp
class CAnimateView : public CView
{
    ......
private:
    WCHAR * pictures[8] =
        {
            L"./res/图片素材--豹子/1.bmp",
            L"./res/图片素材--豹子/2.bmp",
            L"./res/图片素材--豹子/3.bmp",
            L"./res/图片素材--豹子/4.bmp",
            L"./res/图片素材--豹子/5.bmp",
            L"./res/图片素材--豹子/6.bmp",
            L"./res/图片素材--豹子/7.bmp",
            L"./res/图片素材--豹子/8.bmp"
        }; // 表示轮换的图片路径列表
    int m_nWhich;  //表示当前要播放哪一张图片
    int m_nX;        //控制位图显示的水平位置
    ......
};
```

在视图类构造函数中修改代码。

```cpp
CAnimateView::CAnimateView() noexcept {
    // TODO: 在此处添加构造代码
    m_nWhich = 0;
    m_nX=0;//此处为初始化豹子的起始位置
}
```

⑨ 再次修改 OnDraw() 函数。

```
void CAnimateView::OnDraw(CDC * pDC)
{
    CAnimateDoc * pDoc = GetDocument();
    ASSERT_VALID(pDoc);
    if (! pDoc)
        return;
    // TODO: 在此处为本机数据添加绘制代码
    HDC hdc = ::GetDC(m_hWnd); // 获取 DC 句柄
    Gdiplus::Graphics graphics(hdc); // 创建 Graphics 对象

    // 计算位图应放置的位置
    m_nX += 80;
    Rect rect;
    graphics.GetVisibleClipBounds(&rect);
    m_nX = m_nX > rect.Width ? m_nX - rect.Width : m_nX;
    // 根据位图的路径加载位图
    Bitmap bitMap(pictures[m_nWhich]);
    graphics.DrawImage(&bitMap, m_nX, 100);
}
```

至此，运行程序，如图 6-22 和图 6-23 所示，会发现豹子会随着时间在水平方向上也进行了运动。

图 6-22　豹子跑动动画（前一刻）　　　　图 6-23　豹子跑动动画（后一刻）

6.4　鼠标与键盘消息处理

6.4.1　鼠标消息

我们需要了解 7 种鼠标消息，见表 6-1。每种鼠标消息都可在类向导中设置各消息的响应函数。

表 6-1　鼠标消息

消息	说明	消息	说明
WM_LBUTTONDOWN	按下鼠标左键	WM_RBUTTONUP	释放鼠标右键
WM_LBUTTONUP	释放鼠标左键	WM_RBUTTONDBLCLK	双击鼠标右键
WM_LBUTTONDBLCLK	双击鼠标左键	WM_MOUSEMOVE	鼠标移动
WM_RBUTTONDOWN	按下鼠标右键		

例如，要响应鼠标左键单击，可以在类向导中设置 WM_LBUTTONDOWN 的响应函数 OnLButtonDown()。方法如下：如图 6-24 所示，先在"类名"中选择"CXXXXX-View"，再单击"消息"，然后找到"WM_LBUTTONDOWN"，再单击"添加处理程序"，最后点击"编辑代码"。

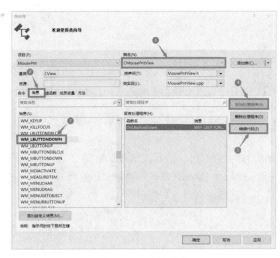

图 6-24　添加步骤

然后在视图类中就可看到生成的 OnLButtonDown()函数。

```
void    CMousePntView::OnLButtonDown(UINT nFlags, CPoint point)
{
    // TODO: 在此添加消息处理程序代码和/或调用默认值

    CView::OnLButtonDown(nFlags, point);

}
```

参数中，nFlags 表示控制键状态，取值见表 6-2。point 表示鼠标坐标。

表 6-2　nFlags 取值及含义

nFlags 取值	含义	nFlags 取值	含义
MK_CONTROL	Ctrl 键被按下	MK_RBUTTON	鼠标右键被按下
MK_LBUTTON	鼠标左键被按下	MK_SHIFT	只有 Shift 键被按下
MK_MBUTTON	鼠标中键被按下		

【例 6-6】创建程序，实现鼠标点击时显示鼠标指针的位置。

程序开发步骤如下。

(1) 创建单文档程序框架

程序起名为 MousePnt。

(2) 引入 GDI＋资源

详见【例 6-2】。

（3）添加和编辑消息处理函数

① 为记录鼠标位置数据，在文档类增加一个 Point 数据成员。

```
class CMousePntDoc : public CDocument
{
    protected: // 仅从序列化创建
    CMousePntDoc() noexcept;
    DECLARE_DYNCREATE(CMousePntDoc)
    // 特性
public:
  Point m_ptPos;
  ......
}
```

② 添加 WM_LBUTTONDOWN 的响应函数 OnLButtonDown()，增加代码。

```
void CMousePntView::OnLButtonDown(UINT nFlags, CPoint point)
{
    // TODO: 在此添加消息处理程序代码和/或调用默认值
    CMousePntDoc * pDoc = GetDocument();   //取得文档指针
    pDoc->m_ptPos = { point.x,point.y };
    Invalidate();
    CView::OnLButtonDown(nFlags, point);
}
```

③ 在 OnDraw() 函数中显示鼠标单击的位置。

```
void CMousePntView::OnDraw(CDC *  pDC )
{
    CMousePntDoc * pDoc = GetDocument();
    ASSERT_VALID(pDoc);
    if (! pDoc)
        return;
    // TODO: 在此处为本机数据添加绘制代码
    HDC hdc = ::GetDC(m_hWnd);
    Gdiplus::Graphics graphics(hdc);
    FontFamily fontFamily(L"宋体");
    Gdiplus::Font font(&fontFamily, 16, FontStyleRegular, UnitPixel);
    SolidBrush brush(Color(255, 0, 0, 0));

    CString s;
    s.Format(_T("鼠标单击位置:x= % d,y= % d"), pDoc->m_ptPos.X,
            pDoc->m_ptPos.X);
    graphics.DrawString(s, -1, &font, PointF(10, 10), &brush);
}
```

编译运行，在窗口各处点击鼠标，得到的程序如图6-25所示。

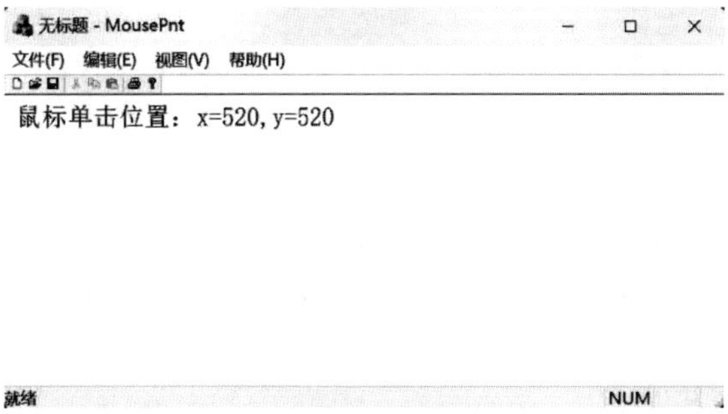

图6-25 【例6-6】运行结果

【例6-7】创建程序，实现鼠标左键自由画线，右键画圆形。

程序开发步骤如下。

（1）创建单文档程序框架

程序起名为MouseDraw。

（2）引入GDI+资源

详见【例6-2】。

（3）添加和编辑消息处理函数

① 为记录画图数据，在文档类增加一个Point成员和Point数组。

```
class CMouseDrawDoc : public CDocument
{
    ......
    // 特性
public:
    Point m_ptSqCen;          //记录圆坐标
    CArray<Point, Point&> m_aCurvePnts;      //自由曲线点数组
    ......
}
```

② 在视图类中也加入一个成员变量，此为记录视图中是否正在画曲线。

```
class CMouseDrawView : public CView
{
    ......
    // 特性
public:
    CMouseDrawDoc *  GetDocument() const;
    bool   m_bCurveDrawing;
    ......
}
```

③ 在视图类构造函数中对其进行初始化。

```
CMouseDrawView::CMouseDrawView() noexcept
{
    // TODO: 在此处添加构造代码
    m_bCurveDrawing = false;
}
```

④ 如图 6-26 所示，在类向导里对 WM_LBUTTONDOWN、WM_LBUTTONUP、WM_MOUSEMOVE、WM_RBUTTONUP 四个消息添加处理函数。

图 6-26　添加消息处理函数

⑤ 对四个鼠标消息响应函数添加代码。

先理清绘图的思路。

a. 对于自由曲线，可以这样实现：鼠标左键一按下，m_bCurveDrawing 就标记为 true；OnMouseMove 就开始增加点；鼠标左键一弹起，m_bCurveDrawing 就标记为 false，OnMouseMove 就不再增加点。

b. 对于圆形，这样实现：鼠标右键一按下，就更新圆的中心，重新画圆。

明白以上绘图思路之后，就可以继续增加代码。首先修改 OnLButtonDown() 的代码。

```
void CMouseDrawView::OnLButtonDown(UINT nFlags, CPoint point)
{
    // TODO: 在此添加消息处理程序代码和/或调用默认值
    CMouseDrawDoc * pDoc = GetDocument();
    pDoc->m_aCurvePnts.RemoveAll();   //清除上一次的曲线点集数据
    m_bCurveDrawing = true;
    CView::OnLButtonDown(nFlags, point);
}
```

再修改 OnLButtonUp()的代码。

```
void CMouseDrawView::OnLButtonUp(UINT nFlags, CPoint point)
{
    // TODO：在此添加消息处理程序代码和/或调用默认值
    m_bCurveDrawing = false;
    CView::OnLButtonUp(nFlags, point);
}
```

修改 OnMouseMove() 的代码。

```
void CMouseDrawView::OnMouseMove(UINT nFlags, CPoint point)
{
    // TODO：在此添加消息处理程序代码和/或调用默认值
    CMouseDrawDoc * pDoc = GetDocument();
    if (m_bCurveDrawing) {
        pDoc->m_aCurvePnts.Add(Point(point.x, point.y));  //点集数组中加入一点
        Invalidate(false);
    }
    CView::OnMouseMove(nFlags, point);
}
```

修改 CMouseDrawView() 的代码。

```
void CMouseDrawView::OnRButtonUp(UINT nFlags, CPoint point)
{
    // TODO：在此添加消息处理程序代码和/或调用默认值
    MouseDrawDoc * pDoc = GetDocument();
    Doc->m_ptSqCen = Point(point.x, point.y);
    nvalidate(true);
    CView::OnRButtonUp(nFlags, point);
}
```

最后在 OnDraw() 中加入画图的代码。

```
void CMouseDrawView::OnDraw(CDC * / * pDC * /)
{
    CMouseDrawDoc * pDoc = GetDocument();
    ASSERT_VALID(pDoc);
    if (! pDoc)
        return;
    // TODO：在此处为本机数据添加绘制代码
    HDC hdc = ::GetDC(m_hWnd);
    Gdiplus::Graphics graphics(hdc);
    Pen pen(Color(255, 0, 0, 0));

    //画右击的圆形
    Rect rect(pDoc->m_ptSqCen.X - 20, pDoc->m_ptSqCen.Y - 20, 40, 40);
        graphics.DrawEllipse(&pen, rect);
```

```
//画左键的曲线
SolidBrush brush(Color(255, 0, 0, 0));
int nLen = pDoc->m_aCurvePnts.GetCount();
Point prev;
if (nLen > 0)
    prev = pDoc->m_aCurvePnts[0];
for (int i = 1; i < nLen; i++) {
    graphics.DrawLine(&pen, prev,
                pDoc->m_aCurvePnts[i]);
    prev = pDoc->m_aCurvePnts[i];
}
}
```

至此，编译，运行。用鼠标操作，可得到类似图 6-27 的效果。

6.4.2　键盘消息

我们需要了解表 6-3 中的 3 种键盘消息。

表 6-3　键盘消息

消息	说明
WM_CHAR	按键
WM_KEYDOWN	按下键
WM_KEYUP	释放键

可在类向导中设置各消息的响应函数。以 WM_KEYDOWN 为例，在类向导中，设置 WM_KEYDOWN 的响应函数 OnKeyDown()，如图 6-28 所示。

图 6-27　鼠标绘图效果

图 6-28　添加消息响应函数

然后在视图类中就可看到生成的 OnKeyDown () 函数：

void CKeyTestView∷OnKeyDown(UINT nChar, UINT nRepCnt, UINT nFlags)

{

　　//TODO：在此添加消息处理程序代码和/或调用默认值

　　CView∷OnKeyDown(nChar, nRepCnt, nFlags);

}

参数中，nChar 为键代码，取值及含义见表 6-4。nRepCnt 为按键的重复次数，nFlags 为扫描码、转换键码和按键组合状态。

表 6-4　nChar 取值及含义

nChar 的一些特殊值	含义
VK_0～VK_9	0～9
VK_A～VK_Z	A～Z
VK_F1～ VK_F10	F1～F10
VK_CONTROL	CTRL
VK_DELETE	DELETE

【例 6-8】编写程序，键盘按下时在视图中显示按键值。

程序开发步骤如下。

（1）创建单文档程序框架

程序起名为 KeyTest。

（2）引入 GDI＋资源

详见【例 6-2】。

（3）添加和编辑消息处理函数

① 为记录键盘值，在视图类增加一个 CString 数据成员。

```
class CKeyTestView : public CView
{
    ......
    // 特性
public:
    CKeyTestDoc * GetDocument() const;
    CString m_sStr;
    ......
}
```

② 在类向导中对视图类添加 WM_CHAR 的消息响应函数 OnChar()，如图 6-29 所示。

③ 对 OnChar() 添加代码。

```
void CKeyTestView∷OnChar(UINT nChar, UINT nRepCnt, UINT nFlags)
{
    // TODO：在此添加消息处理程序代码和/或调用默认值
    m_sStr.Format(_T("％c"), nChar); //把信息按格式打印到 CString 里面
    Invalidate();
    CView∷OnChar(nChar, nRepCnt, nFlags);
}
```

图 6-29 添加消息响应函数

④ 修改 OnDraw()。

```
void CKeyTestView::OnDraw(CDC * /* pDC */)
{
    CKeyTestDoc * pDoc = GetDocument();
    ASSERT_VALID(pDoc);
    if (! pDoc)
        return;
    // TODO: 在此处为本机数据添加绘制代码
    HDC hdc = ::GetDC(m_hWnd);
    Gdiplus::Graphics graphics(hdc);
    FontFamily fontFamily(L"宋体");
        Gdiplus::Font font(&fontFamily, 100,
        FontStyleRegular, UnitPixel);
    SolidBrush brush(Color(255, 0, 0, 0));

    // 绘制字体
    graphics.DrawString(m_sStr, -1, &font,
        PointF(10, 10), &brush);
}
```

编译，运行，运行结果如图 6-30 所示。

图 6-30 显示键盘按键运行结果

6.5　菜单

菜单功能开发包括菜单资源编辑和菜单响应函数编写，下面分别进行介绍。

6.5.1　菜单资源编辑

如图 6-31 所示，先在"资源视图"中双击"IDR_MAINFRAME"调出主菜单资源，便可在菜单资源中添加、删除、修改菜单和菜单项。在"属性窗口"中，标题括号中的 & 在显示时会成为下划线，& 后面的字母则成为快捷键，可用 ALT 加上该键快捷访问。例如快捷呼出"视图"菜单的快捷键为 ALT＋V。

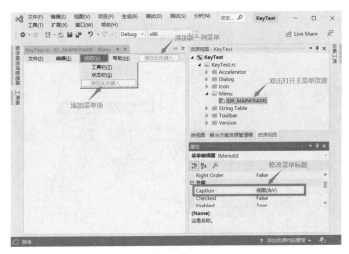

图 6-31　菜单资源编辑步骤

6.5.2　菜单响应函数

每个菜单项都有自己的 ID，在类向导中可以找到该 ID，为其添加消息响应函数。具体的步骤如图 6-32 所示，首先在菜单资源中添加一个菜单，注意，这里必须添加子菜单才能修改 ID，父菜单是无法对菜单项的 ID 进行修改的。

然后调出类向导，如图 6-33 所示，先在"类名"中选择"C＊＊＊View"，再在"命令"部分中找到自己刚才编辑好的 ID，图中为"ID_MY_MENU"，再点击"COMMAND"，然后选择"添加处理程序"，之后选择好成员函数，然后点击"编辑代码"即可进入代码页面。

【例 6-9】编写程序，实现点击菜单显示四人电话信息，效果如图 6-34 所示。

程序开发步骤如下。

（1）创建单文档程序框架

程序起名为 MenuTelNote。

（2）引入 GDI＋资源

按图 6-35 进行菜单编辑。

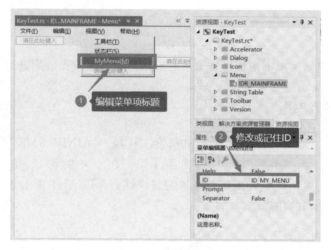

图 6-32　编辑菜单项

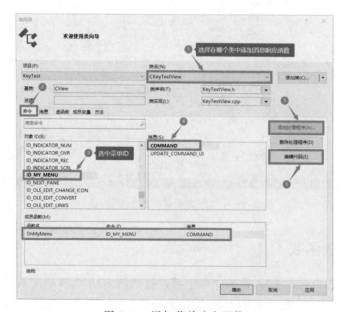

图 6-33　添加菜单响应函数

图 6-34　程序运行结果

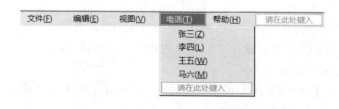

图 6-35　菜单编辑

在属性窗口对各菜单 ID 进行如下修改，以便记忆和识别，见表 6-5。

表 6-5 菜单项对应 ID

菜单项	ID
张三	ID_TEL_ZHANG
李四	ID_TEL_LI
王五	ID_TEL_WANG
马六	ID_TEL_MA

（3）添加和编辑消息响应函数

① 在视图类（MenuTelNoteView. h）增加一个字符串成员变量。

```
class CMenuTelNoteView : public CView
{
    ......
// 特性
public:
    CMenuTelNoteDoc * GetDocument() const;
    CString m_sTelInfo;
    ......
}
```

② 修改 OnDraw() 函数。

```
void CMenuTelNoteView::OnDraw(CDC * / * pDC * /)
{
    ......
    // TODO：在此处为本机数据添加绘制代码
    HDC hdc = ::GetDC(m_hWnd);
    Gdiplus::Graphics graphics(hdc);
    FontFamily fontFamily(L"宋体");
    Gdiplus::Font font(&fontFamily, 100, FontStyleRegular, UnitPixel);
    SolidBrush brush(Color(255, 0, 0, 0));

    // 绘制字体
    graphics.DrawString(m_sTelInfo, -1, &font, PointF(20, 20), &brush);
}
```

③ 按照前面的教程在类向导里为四个菜单项添加消息响应函数，如图 6-36 所示。

④ 然后在四个菜单响应函数中增加代码。

添加张三信息。

```
void CMenuTelNoteView::OnTelZhang()
{
    // TODO：在此添加命令处理程序代码
    m_sTelInfo = _T("张三：13620003456");
    Invalidate();
}
```

添加李四信息。

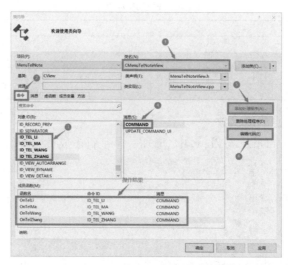

图 6-36　添加消息响应函数

```
void CMenuTelNoteView::OnTelLi()
{
    // TODO：在此添加命令处理程序代码
    m_sTelInfo = _T("李四:13530004567");
    Invalidate();
}
```

添加王五信息。

```
void CMenuTelNoteView::OnTelWang()
{
    // TODO：在此添加命令处理程序代码
    m_sTelInfo = _T("王五:13740005678");
    Invalidate();
}
```

添加马六信息。

```
void CMenuTelNoteView::OnTelMa()
{
    // TODO：在此添加命令处理程序代码
    m_sTelInfo = _T("马六:13950006789");
    Invalidate();
}
```

编译，运行，即可得到如图 6-34 所示的结果。

6.6 工具栏

如果每次利用菜单工具都要在菜单栏中多次点击才能使用，无疑会大大降低工作效率，因此可以在工具栏中设置快捷方式，使得用户能够快速使用自己需要使用的工具。下面介绍工具栏的绘制及工具栏的消息响应。

6.6.1　工具栏绘制

如图 6-37 所示，在资源视图中，双击"Toolbar—IDR_MAINFRAIN"可以打开主工具栏进行编辑，编辑的工具可以在上方的工具栏中找到，有铅笔工具和橡皮擦工具等。也可以通过新建资源新建一个工具栏，如图 6-38 所示。

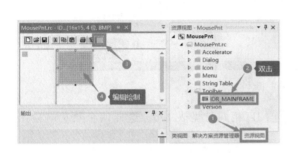

图 6-37　绘制方法

图 6-38　添加资源新建工具栏

6.6.2　工具栏消息响应

在属性窗口中修改其 ID，若 ID 与某个菜单项 ID 相同，则该工具栏按钮与该菜单项共用同一个消息响应函数。

若工具栏按钮的 ID 为新的 ID，则可以在类向导里对其添加消息响应函数。方法与添加菜单响应函数相同。

例如，若要修改 6.5 节的【例 6-9】菜单电话本程序，让每个电话菜单对应一个工具栏，如图 6-39 所示，可以按照如下步骤操作。

图 6-39　工具栏

（1）打开 6.5 节的菜单电话本程序

（2）编辑工具栏

① 在资源视图中双击"Toolbar--IDR_MAINFRAIN"，打开主工具栏进行编辑，如图 6-40 所示，先在 "资源视图" 中打开"IDR_MAINFRAME"，然后在图中所示位置对工具栏图

标进行绘制，绘制工具在菜单栏下面的工具栏中。

② 在主工具栏后面新画上四个按钮（可以直接画，也可以从其他绘图软件中复制过来）。

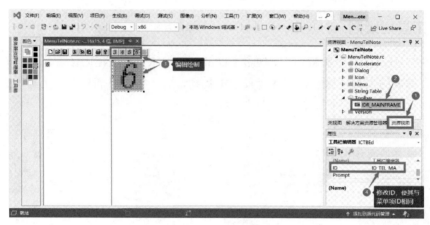

图 6-40　编辑工具栏

③ 修改工具栏的四个 ID，使其与四个菜单项 ID 相同，见表 6-6。这样四个菜单响应函数就同时成为四个工具栏按钮的响应函数。

表 6-6　工具栏按钮对应 ID

工具栏按钮	ID
3	ID_TEL_ZHANG
4	ID_TEL_LI
5	ID_TEL_WANG
6	ID_TEL_MA

编译，运行，即可得到如图 6-39 所示的最终结果。

6.7　对话框

文档视图程序也常常需要用到对话框，以接受用户对设置、数据等信息的输入和查询。对于对话框中控件的使用，在第 5 章已经介绍了，本节主要介绍对话框在文档视图程序的使用方法，包括自定义对话框、模态与非模态以及通用对话框。

6.7.1　自定义对话框

可以像第 5 章那样设计对话框资源，并在视图文档程序中使用。这种自己设计的对话框称为"自定义对话框"。

6.7.2　模态与非模态

MFC 中或者说 Windows 系统中，无论是自定义对话框还是通用对话框，都可以有两种使用方式：模态和非模态。对应对话框也分为两种：模态对话框和非模态对话框。

模态方式：用户想要对对话框以外的应用程序进行操作时，必须首先对该对话框进行响应。即对话框出现时，用户除了可以对对话框进行操作外，对程序的其他内容暂时无法操作。以模态方式使用的对话框也称为"模态对话框"。模态对话框使用 DoModal() 函数来弹出对话框。

非模态方式：用户在对话框弹出时，既可对对话框进行操作，也可以对程序的其他内容进行操作。以非模态方式使用的对话框也称为"非模态对话框"。非模态对话框需先用 Create() 创建，再用 ShowWindow() 显示。

【**例 6-10**】使用模态对话框输入 6 门课分数，并在视图上显示平均分。

程序开发步骤如下。

（1）新建文档视图程序框架

程序起名为 AvrModal。

（2）编辑资源

① 编辑对话框资源。在资源视图中新建一个对话框，按图 6-41 步骤 1 放置好控件。先在"资源视图"中右击"Dialog"，单击"添加资源"，再按步骤 2 新建"Dialog"对话框。

(a) 步骤1

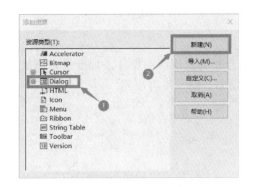

(b) 步骤2

图 6-41　新建对话框

在对话框布置控件，最终结果如图 6-42 所示。

图 6-42　对话框控件布置

② 修改对话框控件的属性。按表 6-7 修改各控件 ID。

表 6-7　文本框对应 ID

控件	ID	控件	ID
高等数学文本框	IDC_EDT_MATH	大学物理文本框	IDC_EDT_PHYSICS
线性代数文本框	IDC_EDT_ALGEBRA	程序设计文本框	IDC_EDT_PROGRAM
大学英语文本框	IDC_EDT_ENGLISH		

③ 如图 6-43 所示，为对话框添加类。在对话框空白处右击，单击"添加类"，在新的对话框中"类名"处起名为 ScoreInputDlg，单击"确定"。然后在类视图中可看到 ScoreInputDlg 类（若看不见请重启一下 VS）。

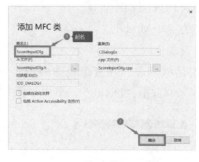

(a) 步骤1　　　　　　　　　　　　　　　(b) 步骤2

图 6-43　添加类

④ 在类向导里为对话框的控件添加变量，添加变量的结果如图 6-44 所示，添加过程已在 5.4 节的例题中介绍，不再说明。

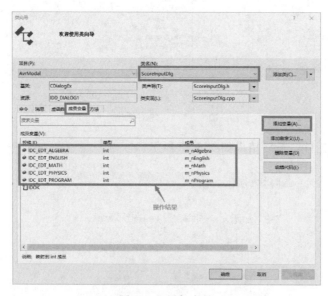

图 6-44　添加变量

完成后在对话框类头文件中可看到新增的成员变量。

```
class ScoreInputDlg : ......
{
......
public:
    int m_nEnglish;
    int m_nAlgebra;
    int m_nMath;
    int m_nPhysics;
    int m_nProgram;
};
```

⑤ 编辑菜单资源。从资源视图里打开主菜单，添加一个菜单项"成绩输入"，如图 6-45 所示。如图 6-46 所示，在属性窗口修改其 ID 为"ID_EDIT_INPUT"。

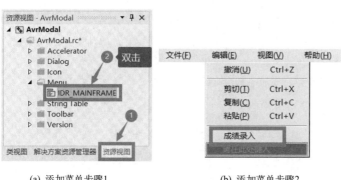

(a) 添加菜单步骤1　　　　　　(b) 添加菜单步骤2

图 6-45　添加菜单项

图 6-46　修改 ID

（3）添加变量和消息响应函数

① 在文档类添加一个记录平均分的成员变量。

```
class CAvrModalDoc : public CDocument
{
......
// 特性
public:
    double m_dAverage;
......
}
```

② 在构造函数中初始化。

```
CAvrModalDoc::CAvrModalDoc() noexcept
{
    // TODO: 在此添加一次性构造代码
    m_dAverage = 0;
}
```

③ 为菜单添加消息响应函数 OnEditInput()，如图 6-47 所示。

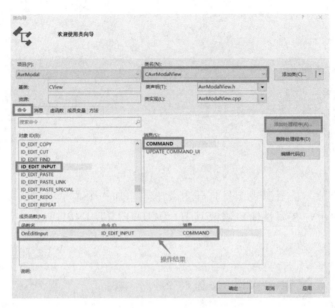

图 6-47　添加消息响应函数

④ 为 OnEditInput() 添加代码。

```
void CAvrModalView::OnEditInput()
{
    // TODO：在此添加命令处理程序代码
    CAvrModalDoc * pDoc = GetDocument();
    ASSERT_VALID(pDoc);
    ScoreInputDlg Dlg;
    if(IDOK==Dlg.DoModal())//弹出模态对话框,并检查是否按了"OK"按钮返回
                          //IDOK 是"OK"按钮的 ID
    {
        pDoc->m_dAverage = (Dlg.m_nMath + Dlg.m_nAlgebra + Dlg.m_nEnglish +
                          Dlg.m_nPhysics + Dlg.m_nProgram) / 5.0;
    }
    Invalidate();
}
```

其中 DoModal() 功能为以模态形式弹出对话框，它的返回值及含义如下。

IDOK：用户点击了"OK"（确定）按钮返回。

IDCANCEL：用户点击了"Cancel"（取消）按钮返回。

⑤ 在视图类 cpp 文件前面添加头文件。

```
# include "AvrModalDoc.h"
# include "AvrModalView.h"
# include "ScoreInputDlg.h"
```

⑥ 修改 OnDraw() 函数。

```
void CAvrModalView:.OnDraw(CDC * pDC)
{
    CAvrModalDoc * pDoc = GetDocument();
    ASSERT_VALID(pDoc);
    if (! pDoc)
        return;
    // TODO: 在此处为本机数据添加绘制代码
    CString sOut;
    sOut.Format(_T("平均分为: %.1f"), pDoc->m_dAverage);
    pDC->TextOutW(20, 20, sOut);
}
```

⑦ 编译，运行程序，可看到运行结果如图 6-48 所示。

(a) 点击菜单　　　　　(b) 输入成绩　　　　　(c) 得到平均分

图 6-48　【例 6-10】运行结果

【例 6-11】 把【例 6-10】改为非模态对话框。

打开【例 6-10】工程，做如下修改。

① 把 ScoreInputDlg 对象变成视图类的成员变量。

```
class CAvrNonModalView : public CView
{
    ......
    // 特性
public:
    CAvrNonModalDoc * GetDocument() const;
    ScoreInputDlg m_dlgInput;
    ......
}
```

在【例 6-10】中，ScoreInputDlg 对象是菜单响应函数 OnEditInput() 的临时变量。使用模态对话框时，函数停在 DoModal 语句，等待对话框操作返回，没有问题。但若使用非模态对话框，OnEditInput() 不会等待而会立即返回。而当 OnEditInput () 结束时，其所有临时变量，包括对话框，都会被解除释放。所以用户只会看到对话框闪了一下，然后还来不及操作，对话框就不见了。因此，对话框对象不能作为临时变量，而要作为成员变量。

② 视图类头文件包含对话框头文件。

【例 6-10】是在视图类 cpp 文件中进行包含的，此处是在 h 文件中包含。

```
#include "ScoreInputDlg.h"
```

③ 修改视图类构造函数。

```
CAvrNonModalView::CAvrNonModalView() noexcept
{
    // TODO: 在此处添加构造代码
    m_dlgInput.Create(IDD_DIALOG1);
}
```

非模态对话框的用法是先 Create，然后再 ShowWindow。此处为 Create。

④ 修改菜单响应函数 OnEditInput()。

```
void CAvrNonModalView::OnEditInput()
{
    // TODO: 在此添加命令处理程序代码
    CAvrNonModalDoc * pDoc = GetDocument();
    ASSERT_VALID(pDoc);

    //删除 //模态
    //删除 ScoreInputDlg Dlg;
    //删除 if (IDOK == Dlg.DoModal())//弹出模态对话框，并检查是否按了"OK"返回
    //删除 {
    //删除 pDoc->m_dAverage=(Dlg.m_nMath + Dlg.m_nAlgebra + Dlg.m_nEnglish +
    //删除                     Dlg.m_nPhysics + Dlg.m_nProgram) / 5.0;
    //删除 }
    //删除 Invalidate();
    //非模态
    m_dlgInput.ShowWindow(SW_SHOW);
}
```

⑤ 修改 OnDraw()。

```
void CAvrNonModalView::OnDraw(CDC * pDC)
{
    CAvrNonModalDoc * pDoc = GetDocument();
    ASSERT_VALID(pDoc);
    if (! pDoc)
        return;

    // TODO: 在此处为本机数据添加绘制代码
    pDoc->m_dAverage = (m_dlgInput.m_nMath + m_dlgInput.m_nAlgebra +
                        m_dlgInput.m_nEnglish + m_dlgInput.m_nPhysics +
                        m_dlgInput.m_nProgram)/5.0;
    CString sOut;
    sOut.Format(_T("平均分为: %.1f"), pDoc->m_dAverage);
    pDC->TextOutW(20, 20, sOut);
}
```

因为菜单响应函数 OnEditInput() 在用户操作之前返回，因此平均值无法在 OnEditInput() 中计算，只能在 OnDraw() 中计算。

⑥ 编译，运行，可看到如图 6-49 的运行结果。

图 6-49   【例 6-11】运行结果

运行时可发现，对话框出现的时候，程序还可以做其他操作，例如点出菜单。这就是非模态对话框的特点和好处。

但留意一下，发现对话框输入数据并确定之后，视图的平均分字符串没有变化。这是因为没有调用 Invalidate() 的原因，视图没机会刷新。确实，如果本题采用非模态对话框，的确不好找到一个 Invalidate 的好机会。不过如果当视图因某些原因被刷新时（例如最小化一下，然后再最大化），就可以看见平均分信息变化了。

6.7.3   通用对话框

与"自定义对话框"相对的是"通用对话框"，对于一些常用的对话框，如文件对话框、颜色对话框、字体对话框、查找/替换对话框、打印对话框、页面设置对话框，MFC 已经对它们设计好资源并写好类（表 6-8），程序员可以直接使用。

表 6-8   对话框类型与对应的 MFC 类

MFC 类	对话框类型	MFC 类	对话框类型
CFileDialog	文件对话框	CFindReplaceDialog	查找/替换对话框
CColorDialog	颜色对话框	CPrintDialog	打印对话框
CFontDialog	字体对话框	CPageSetupDialog	页面设置对话框

以文件对话框为例进行介绍。其构造函数为：

CFileDialog(

  BOOL bOpenFileDialog, LPCTSTR lpszDefExt ＝ NULL,

  LPCTSTR lpszFileName ＝ NULL,

  DWORD dwFlags ＝ OFN_HIDEREADONLY ｜ OFN_OVERWRITEPROMPT,

  LPCTSTR lpszFilter ＝ NULL, CWnd ＊ pParentWnd ＝ NULL

);

参数说明如下。

① 若 bOpenFileDialog 为 TRUE，则显示打开对话框，否则显示另存为对话框。

② DefExt 指定缺省的扩展名。

③ lpszFileName 指定缺省的文件名。

④ lpszFilter 用于指明可供选择的文件类型和相应的扩展名。它的属性值是由一组元素或用"｜"符号分开的分别表示不同类型文件的多组元素组成。用户可根据所需文件类型进行选择，此外 Filter 属性应设为"Documents（＊.DOC）｜＊.DOC｜Text Files（＊.TXT）｜＊.txt｜All Files｜＊.＊｜"。

文件对话框中最常用的函数是两个获取文件名的函数。

CString GetPathName（）const；

该函数用于获取用户选择的包括路径在内的文件名。

CString GetFileName（）const；

该函数用于获取用户选择的文件名，不包括路径。

【例 6-12】使用菜单项"文件-打开"打开文件对话框，选择一个文件，然后在视图中显示该文件的全路径。

程序开发步骤如下。

（1）新建单文档程序框架

程序命名为 FileDialog。

（2）引入 GDI＋资源

详见【例 6-2】。程序主菜单上已有"文件-打开"菜单项，并且点击该菜单项已经能打开文件对话框，这是框架基类打开的。下面我们自己打开。

（3）添加编辑消息响应函数

① 在视图类中添加一个"打开"菜单项的消息响应函数，如图 6-50 所示，添加一个 OnFileOpen（）函数。

图 6-50　添加消息响应函数

② 运行一下，发现添加了自己的 OnFileOpen（）之后，菜单就不再自己打开文件对话框了。因为这时程序不再调用框架基类的响应函数。

③ 为视图类添加一个字符串成员变量，准备用来保存文件对话框选中的文件路径名。

```
class CFileDialogView : ......
{ ......
// 特性
public:
    CFileDialogDoc * GetDocument() const;
    CString  m_sSelectFile;
    ......
}
```

④ 对消息响应函数 OnFileOpen()加入新代码。

```
void CFileDialogView::OnFileOpen()
{
    // TODO：在此添加命令处理程序代码
    CFileDialog dlg(TRUE, NULL, NULL, NULL,
    _T("Documents( * .DOC)| * .DOC|Text Files( * .TXT)| * .txt|All Files| * . * ||"));
    if (dlg.DoModal() == IDOK){
        m_sSelectFile = dlg.GetPathName();
        Invalidate();
    }
}
```

⑤ 修改 OnDraw()函数。

```
void CFileDialogView::OnDraw(CDC * pDC)
{
    ......
    // TODO：在此处为本机数据添加绘制代码
    HDC hdc = ::GetDC(m_hWnd); // 获取 DC 句柄
    Gdiplus::Graphics graphics(hdc); // 创建 Graphics 对象

    // 创建 FontFamily 对象
    Gdiplus::FontFamily fontFamily(L"华文新魏");
    // 根据 FontFamily 对象创建 Font 对象
    Gdiplus::Font font(&fontFamily, 100, FontStyleRegular, UnitPixel);
    // 创建画刷
    SolidBrush brush(Color(255, 0, 0, 0));

    CString sOut;
    sOut.Format(_T("你选择的文件是：% s"), m_sSelectFile);
    // 绘制字体
    graphics.DrawString(sOut, -1, &font, PointF(20, 20), &brush);
}
```

（4）编译并运行

可看到如图 6-51 所示的效果。

(a) 点击菜单弹出文件对话框   (b) 视图中显示路径和文件名

图 6-51 【例 6-12】运行效果

思考与练习

1. 绘制 −2π～2π 之间的 sin 曲线，效果如图 6-52 所示。

2. 使用定时器制作一个蝴蝶在窗口中飞舞的动画，效果如图 6-53 所示。素材请自行搜集。

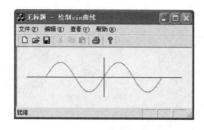

图 6-52 sin 曲线   图 6-53 蝴蝶动画

3. 如图 6-54 所示，使用定时器，编写一个基于对话框的备忘录。勾选当前时间的复选框可以控制日期和时间显示。填写好提醒时间和提醒内容后，点击按钮启动提醒功能。到了提醒时间，程序弹出对话框进行备忘提醒。

图 6-54 备忘提醒器

4. 编制程序，实现图标跟随鼠标点击位置显示的功能。即：用鼠标点击确定图标的中心，鼠标任点客户区一下，在该位置画图。图标可从图 6-55(b) 中任选一个，或从网上任找一个。要求用画笔（Pen）和画刷（Brush）绘制。注意屏幕坐标 y 轴是向下的。

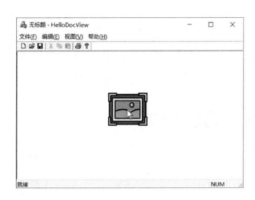

(a) 运行效果　　　　　　　　　　　　　　(b) 图标选择

图 6-55　绘制图标

第 7 章　Qt 开发

Qt 是跨平台 C＋＋图形用户界面应用程序开发框架。它既可以开发 GUI 程序，也可用于开发非 GUI 程序，比如控制台工具和服务器。Qt 功能强大，除了可以绘制界面外，还包含很多其他功能，比如多线程、访问数据库、图像处理、音频视频处理、网络通信、文件操作等。本章将提供一个 Qt 的基础入门教程。

7.1　Qt 开发环境搭建

7.1.1　Qt 简介

Qt 是一个 1991 年由 Qt Company 开发的跨平台 C＋＋图形用户界面应用程序开发框架。它是面向对象的框架。2008 年，Qt Company 被诺基亚公司收购，Qt 也因此成为诺基亚旗下的编程语言工具。2012 年，Qt 被 Digia 收购。2014 年 4 月，跨平台集成开发环境 Qt Creator 3.1.0 正式发布，实现了对于 iOS、Android、WP 的全面支持。基本上，Qt 同 X Window 上的 Motif、Openwin、GTK 等图形界面库和 Windows 平台上的 MFC、VCL、ATL 属于同类型。

7.1.2　Qt 安装

在 Qt 官网下载 Qt 在线下载器，下载完成后双击打开运行，输入在 Qt 官网注册的账户和密码进行登录（注册时注意选择"个人用户"），点击"下一步"，然后出现 Qt 安装界面，选择好安装路径，点击"下一步"（图 7-1）。

选择安装组件，这是 Qt 安装过程中最关键的一步。编译器可以选择 MSVC 或者 MinGW（选择 MSVC 需要再额外安装 VS2019，目前 Qt6.5.1 与 VS2022 不兼容），选择完组件，根据向导一步一步操作直至安装完成（图 7-2）。

提示：Qt 允许用户自定义安装路径，但注意安装路径不能带空格、中文字符或者其他任何特殊字符。

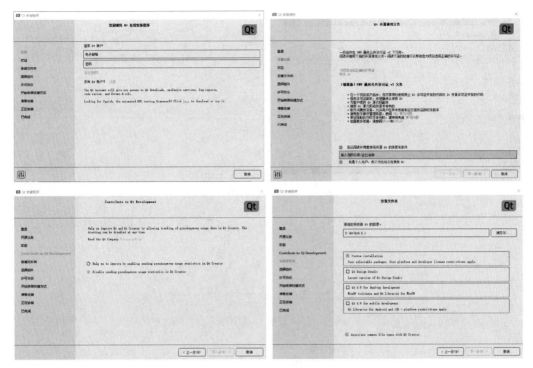

图 7-1　Qt 安装向导（一）

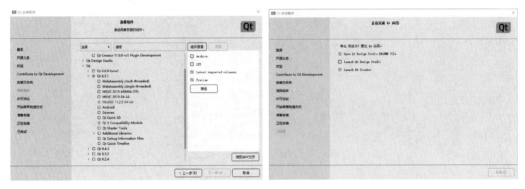

图 7-2　Qt 安装向导（二）

7.1.3　创建 Hello World 程序

【例 7-1】使用 Qt 创建一个 Hello World 程序。

程序开发步骤如下。

（1）新建项目

打开 Qt 软件，按照图 7-3 示例，点击 "New Project"，创建项目。也可以通过单击 "Qt Creator" 的菜单项文件→新建文件或项目来创建新项目。新建完一个项目，出现如图 7-3 所示的对话框。在这个对话框里选择需要创建的项目或文件的模板。选择 "Application" 和 "Qt Widgets Application" 后，单击 "选择" 按钮。

上述步骤完成后出现图 7-4，对项目名称和项目存储位置进行设置（名称中不能有中文、空格；路径中不能有中文），点击 "下一步"。

图 7-3　新建一个项目

后面几步全部使用默认设置即可，只需点击"下一步"按钮，如图 7-5 所示。

图 7-4　项目名称和项目存储位置设置

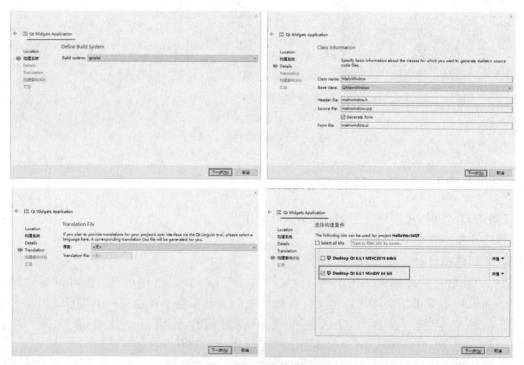

图 7-5　点击"下一步"按钮

点击"下一步"按钮后出现图 7-6，总结了需要创建的文件和文件保存目录，单击"完成"按钮就可以完成项目的创建。

完成了以上新建项目的步骤后，在"Qt Creator"的左侧工具栏中单击"编辑"按钮，可显示如图 7-7 所示的项目管理与文件编辑界面。

图 7-6　创建完成

图 7-7　项目管理与文件编辑界面

（2）点击编译运行按钮

运行结果如图 7-8 所示。

(a) 编译运行按钮

(b) 运行结果

图 7-8　编译运行及运行结果

双击图 7-7 项目管理与文件编辑界面中的 mainwindow. h、mainwindow. cpp、main. cpp，可分别打开对应的代码，它们属于 Qt 框架代码。

mainwindow. h 表示 MainWindow 类定义。

```
#ifndef MAINWINDOW_H
#define MAINWINDOW_H
#include <QMainWindow>
QT_BEGIN_NAMESPACE
```

```
namespace Ui { class MainWindow; }
QT_END_NAMESPACE

class MainWindow : public QMainWindow
{
    Q_OBJECT
public:
    MainWindow(QWidget * parent = nullptr);
    ~MainWindow();
private:
    Ui::MainWindow * ui;
};
#endif // MAINWINDOW_H
```

mainwindow. cpp 表示 MainWindow 类定义。

```
#include "mainwindow. h"
#include "ui_mainwindow. h"
MainWindow::MainWindow(QWidget * parent)
        : QMainWindow(parent), ui(new Ui::MainWindow)
{
    ui->setupUi(this);
}
MainWindow::~MainWindow()
{
    delete ui;
}
```

main. cpp 表示主函数文件。

```
#include "mainwindow. h"
#include <QApplication>
int main(int argc, char * argv[])
{
    QApplication a(argc, argv);
    MainWindow w;
    w. show();
    return a. exec();
}
```

添加控件，双击 mainwindow. ui 文件进入设计模式（图 7-9），拖入一个标签（Label），修改文字为 "Hello World!"（图 7-10）。

编译，运行，可看见如图 7-11 所示的运行结果。

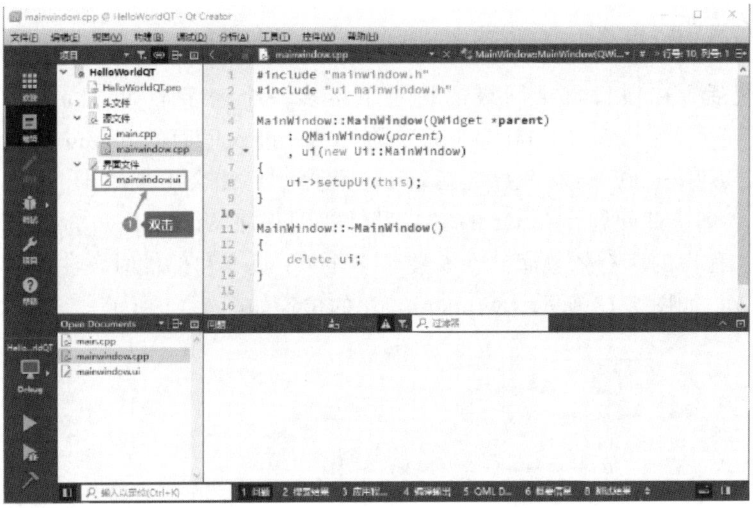

图 7-9　进入设计模式

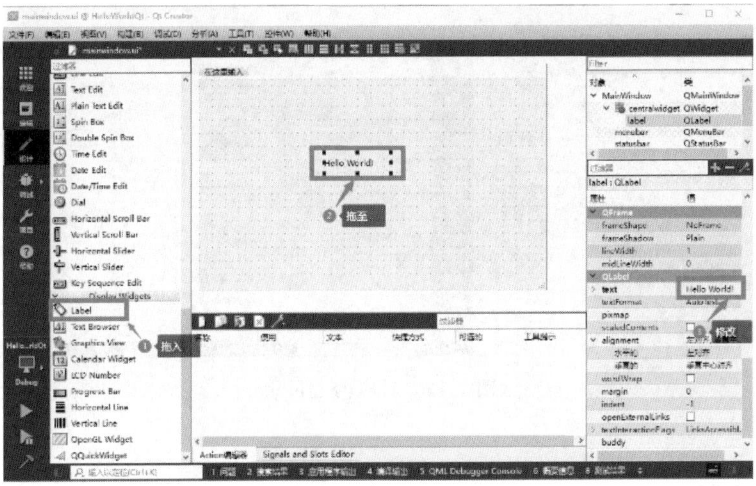

图 7-10　添加控件

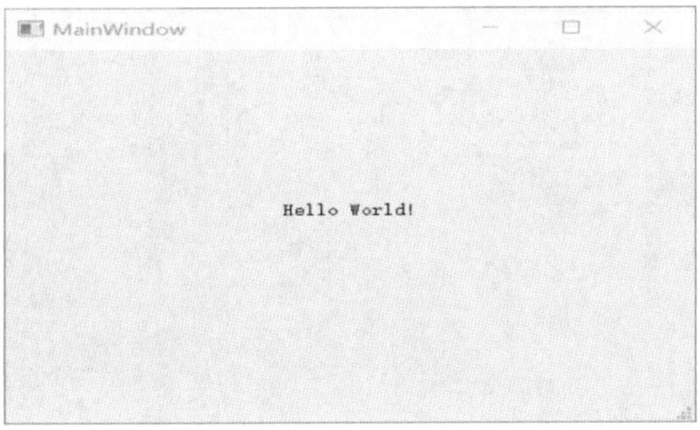

图 7-11　【例 7-1】运行结果

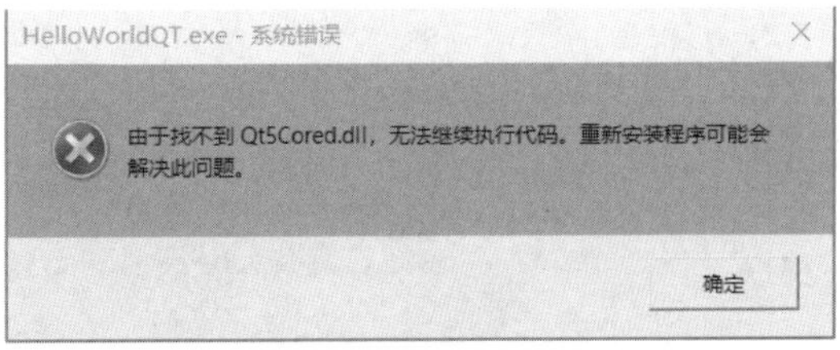

图 7-12　缺少 dll 文件的提示

7.1.4 程序发布

成功编译之后，在项目目录同级的目录下会多一个名字形如"build-HelloWorldQT-Desktop_Qt_6_5_1_MinGW_64_bit-Debug"的目录。进入里面的 debug 的目录，就会发现编译生成的 HelloWorldQT.exe 程序。运行 exe 程序，可能会出现缺少 dll 文件的提示，如图 7-12 所示。为解决此问题，在 Qt 的安装目录找到程序 windeployqt.exe。该程序的作用是找到要发布的程序的所有依赖库。在安装了多个 Qt 版本和部件时，注意目录要找对，和构建目录要对应，如图 7-13 所示。windeployqt 的位置如图 7-14 所示。

图 7-13　对应构建目录

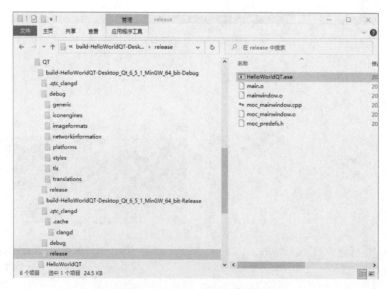

图 7-14　windeployqt 的位置

在控制台中运行"windeployqt.exe"。运行完毕后，发布程序的目录就会出现所有依赖的库文件（图 7-15）。

图 7-15 在控制台中运行 windeployqt.exe

至此，HelloWorldQT 所在目录下已有其运行所需要的所有依赖库（图 7-16），HelloWorldQT 已可脱离 Qt 运行。

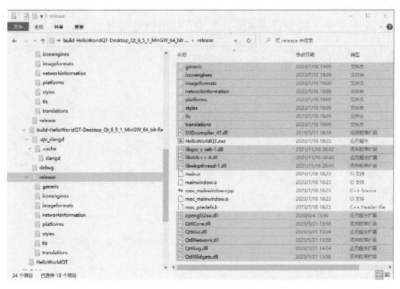

图 7-16 程序目录下的库文件

7.2 窗体

7.2.1 创建多窗口程序

【例 7-2】创建一个多窗口程序。程序的功能为：运行开始出现一个对话框，按下登录主界面按钮后该对话框消失并进入主窗口。进入主窗口后，按下显示对话框按钮，会弹出一个对话框。

程序开发步骤如下。

（1）新建项目

打开 Qt Creator，新建 Qt Widgets Application，项目名称设置为 Windows，完成项目创建后，双击 mainwindow.ui 文件进入设计模式，从左侧部件列表中向界面上拖入一个 Push Button，然后双击并修改显示文本为"按钮"。利用 Ctrl＋R 运行一次程序，可看见如图 7-17 所示的运行结果。

图 7-17　运行结果

（2）使用代码设置显示文本

在构造函数 MainWindow()中添加一行代码。

```
MainWindow::MainWindow(QWidget * parent) :
QMainWindow(parent),
ui(new Ui::MainWindow)
{
    ui->setupUi(this);
    ui->pushButton->setText("新窗口");  //将界面上按钮的显示文本更改为"新窗口"
}
```

（3）添加登录对话框

往项目中添加新文件。模板选择 Qt 分类中的 Qt 设计器界面类，然后界面模板选择 Dialog withoutButtons。下一步进入类信息界面，这里将类名更改为 LoginDlg，完成后会自动跳转到设计模式。过程步骤如图 7-18～图 7-22 所示。

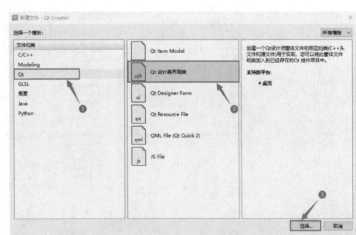

图 7-18　添加新文件　　　　　　　　　　图 7-19　选择 Qt 设计器界面类

（4）增加按钮

完成上一步之后，得到一个空白的对话框。现在再拖入一个 Push Button，更改显示文本为"登录到主界面"，如图 7-23 所示。

（5）设置信号和槽

点击设计模式上方 图标，或者按下 F4 键，进入信号和槽编辑模式。按住鼠标左键，

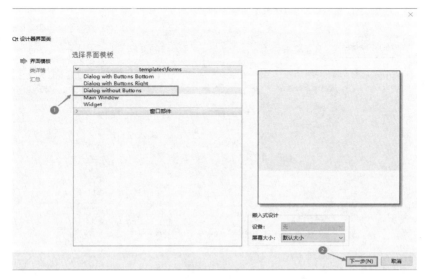

图 7-20　类信息界面

图 7-21　更改类名为 LoginDlg

从按钮上拖向界面，如图 7-24 所示。

当放开鼠标后，会弹出配置连接对话框，这里选择 pushButton 的 clicked()信号和 Log-inDlg 的 accept()槽并按下"确定"按钮，如图 7-25 所示。

信号和槽：这是 Qt 开发的重要概念。大家可以把它们都看作是函数，比如这里，在单击按钮以后就会发射单击信号，即 clicked()；然后对话框接收到信号就会执行相应的操作，即执行 accept()槽。一般情况下，只需要修改槽函数即可，不过，这里的 accept()已经实现了默认的功能，它会将对话框关闭并返回 QDialog::Accepted 标识，所以无须再做更改。下面要使用返回的 QDialog::Accepted 标识来判断是否按下了登录按钮。

完成后，可以按下 图标或者 F3 键来返回控件编辑模式。

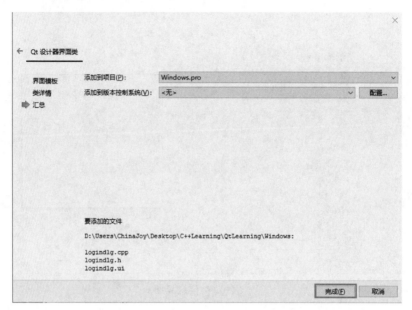

图 7-22　创建完成

图 7-23　增加按钮

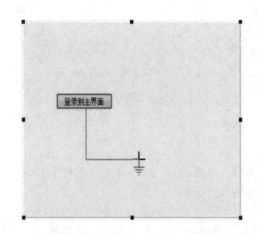

图 7-24　设置信号和槽

图 7-25　配置连接对话框

（6）修改 main.cpp

在 main.cpp 中添加以下代码。

```
# include "mainwindow. h"
# include <QApplication>
# include "logindlg. h"
int main(int argc, char * argv[])
{
    QApplication a(argc, argv);
    MainWindow w;
    LoginDlg dlg; // 建立自己新建的 LoginDlg 类的实例 dlg
    //利用 Accepted 返回值判断按钮是否被按下
    if(dlg. exec() == QDialog::Accepted)
    {
        w. show(); // 如果被按下,显示主窗口
        return a. exec(); // 程序一直执行,直到主窗口关闭
    }
    else return 0; // 如果没有被按下,则不会进入主窗口,整个程序结束运行
}
```

（7）再弹出一个对话框

计划点击主窗口中的"新窗口"按钮时再弹出一个对话框。为此：打开 mainwindow. ui 文件进入设计模式，然后在"按钮"部件上右击并选择转到槽菜单，在弹出的转到槽对话框中选择第一个 clicked()信号并按下"确定"按钮，这时会跳转到编辑模式 mainwindow. cpp 中的 on_pushButton_clicked()函数处（图 7-26）。

在 mainwindow. cpp 中的 on_pushButton_clicked()函数处添加代码。

图 7-26　增加按钮

```
# include "ui_mainwindow. h"
# include "qdialog. h"
...... //省略与本步骤无关的代码,下同
void MainWindow::on_pushButton_clicked()
{
    QDialog * dlg = new QDialog(this);
    dlg->show();
}
```

编译，运行，可见如图 7-27 所示的运行结果。

提示：注意两种弹出新窗口的方法：一种是旧窗口消失；另一种是旧窗口不消失。

7.2.2　登录对话框

【例 7-3】创建一个登录对话框（图 7-28）。程序的功能为：运行开始出现一个登录对话框，输入正确的账号和密码，单击"登录"按钮后再弹出一个对话框。如果单击"取消"按钮，则关闭登录对话框。

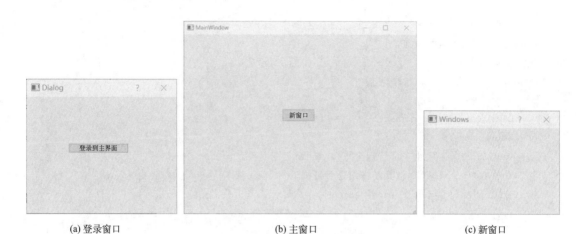

(a) 登录窗口　　　　　　　　(b) 主窗口　　　　　　　　(c) 新窗口

图 7-27　【例 7-2】运行结果

程序开发步骤如下。

（1）新建项目

新建 Qt Widgets Application，项目名称为 login，类名和基类保持 MainWindow 及 QMain-Window 不变。

（2）创建登录对话框

完成项目创建后，向项目中添加新的 Qt 设计器界面类，模板选择 Dialog without Buttons，类名更改为 LoginDlg。完成后向界面上添加两个标签 Label、两个行编辑器 Line Edit 和两个按钮 Push Button。

图 7-28　登录对话框

分别更改两个行编辑器的 objectName 属性为 ledUser 和 ledPassword，再分别更改两个按钮的 objectName 属性为 btnLogin 和 btnExit（图 7-29）。

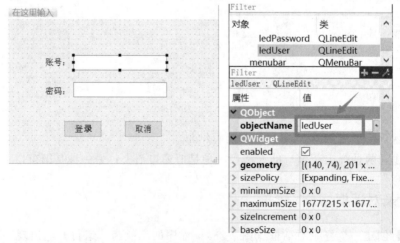

图 7-29　更改属性

（3）设置退出按钮

使用信号和槽编辑器窗口来关联信号和槽，设置退出按钮。在设计模式下方的信号和槽编辑器（Signals & Slots Editor）中，先点击左上角的绿色加号添加关联，然后选择发送者为 btnExit，信号为 clicked()，接收者为 LoginDlg，槽为 close()（图 7-30）。这样，就实现了当单击退出按钮时关闭登录对话框。

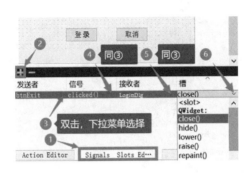

图 7-30　关联信号和槽

用鼠标右键点击"登录"按钮，在弹出的菜单中选择"转到槽…"，然后选择 clicked()信号并点击"确定"。转到相应的槽以后，添加函数调用。

```cpp
void LoginDlg::on_btnLogin_clicked()
{
    accept();
}
```

修改 main.cpp。

```cpp
# include "mainwindow.h"
# include <QApplication>
# include "logindlg.h"
int main(int argc, char * argv[])
{
    QApplication a(argc, argv);
    MainWindow w;
    LoginDlg dlg;
    if (dlg.exec() == QDialog::Accepted)    {
        w.show();
        return a.exec();
    }
    else return 0;
}
```

（4）实现使用用户名和密码登录

实现使用用户名和密码登录，在 LoginDlg.cpp 文件中添加以下代码。

```
void LoginDlg::on_btnLogin_clicked()
{
    // 判断用户名和密码是否正确,错误则弹出警告对话框
    if(ui->ledUser->text() == tr("zhang") &&
       ui->ledPassword->text() == tr("12345678"))
    {
        accept();
    }
    else
    {
        QMessageBox::warning(this, tr("警告!"),tr("用户名或密码错误!"),
           QMessageBox::Yes);
        // 清空内容并定位光标
        ui->ledUser->clear();
        ui->ledPassword->clear();
        ui->ledUser->setFocus();
    }
}
```

在属性编辑器中将 echoMode 属性选择为 Password,密码显示变为黑点,两个文本框的 placeholderText 属性更改为"请输入用户名""请输入密码"。文本框在没有输入前将显示提示文本。

编译,运行,可看见如图 7-31 所示的运行结果。

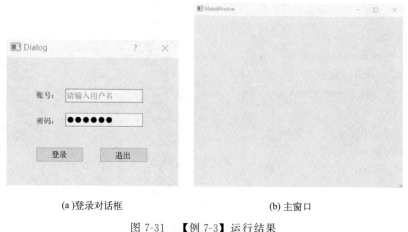

(a) 登录对话框　　　　　　　　　　　　(b) 主窗口

图 7-31　【例 7-3】运行结果

7.2.3　断点调试

断点调试是程序开发者必须掌握的方法。Qt 中设置断点很简单,只要在对应行最左边点击,就可以设置出一个断点,在 Qt 中会显示成红色圆点;然后点击 Qt 左下角调试运行的按钮,程序运行到断点的时候就会暂停下来,如图 7-32 所示。这时用户可以查看程序运行中各个变量的值,看是否执行正常。

图 7-32 设置断点并调试运行

提示：有可能出现"Unable to create a debugging engine"错误的处理方法。

这是 Windows 10 中可能出现的错误。在 Qt 中打开 Tools→Options→Kits，发现 Debugger 里面没有可用的调试器。这是由于在安装 Visual Studio 时，使用了默认设置，导致没有安装 Windows SDK 中的 Debugging Tools for Windows 包。解决办法如下。

① 在 Windows 10 中，设置→应用→应用和功能，找到 Windows Software Development Kit - Window 10.0.×××××.×××。

② 点击"修改"。

③ 在 Debugging Tools for Windows 选项前打钩。点击"Change"安装。

④ 重新启动 Qt Creator。

问题即可解决。

7.2.4 纯代码编写

Qt 界面可以按照上述各节所述方法绘制出来，但也可以用纯代码创建。

【例 7-4】 创建一个纯代码编写的登录对话框。程序的功能为：运行开始出现一个登录对话框，输入正确的账号和密码，单击"登录"按钮后再弹出一个对话框。如果单击"取消"按钮，则关闭登录对话框。

程序开发步骤如下。

（1）新建项目

新建 Qt Widgets Application，项目名称为 CodeLogin，在类信息页面保持类名和基类为 MainWindow 及 QMainWindow 不变，取消选择创建界面选项（Generate form），如图 7-33 所示。

（2）创建登录对话框类

往项目中添加新文件，模板选择 C++ 分类中的 C++ Class。将类名设置为 LoginDlg，基类选择 Custom 定制，然后手动设置为 QDialog。点击"下一步"直到完成，如图 7-34 所示。

（3）设置完成后修改代码

先修改 LoginDlg.h 文件。

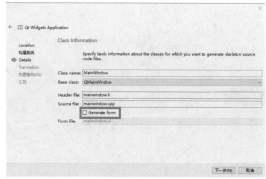

图 7-33　新建项目

图 7-34　创建登录对话框类

```cpp
#ifndef LOGINDIALOG_H
#define LOGINDIALOG_H
#include <QDialog>
class QLabel;    //类的前置声明
class QLineEdit;
class QPushButton;

class LoginDlg : public QDialog
{
    //使用信号和槽等特性必须添加该宏
    Q_OBJECT
public:
    LoginDlg(QWidget * parent=0);
    ~LoginDlg();
private:
    QLabel * labUser;
    QLabel * labPassword;
    QLineEdit * ledUser;
    QLineEdit * ledPassword;
    QPushButton * btnLogin;
    QPushButton * btnExit;
};
#endif
```

再修改 LoginDlg. cpp 文件。

```cpp
#include "logindialog.h"
#include <QLabel>
#include <QLineEdit>
#include <QPushButton>
#include <QMessageBox>
LoginDlg::LoginDlg(QWidget * parent) : QDialog(parent)
{
    resize(400,280);       //重设窗口大小
    labUser = new QLabel(this);
    labUser->move(65, 60);
    labUser->setText(tr("账号:"));
    ledUser = new QLineEdit(this);
    ledUser->move(130, 57);
    ledUser->setPlaceholderText(tr("输入账号名称"));
    labPassword = new QLabel(this);
    labPassword->move(65, 120);
    labPassword->setText(tr("密码:"));
    ledPassword = new QLineEdit(this);
    ledPassword->move(130, 117);
    ledPassword->setPlaceholderText(tr("请输入密码"));
    btnLogin = new QPushButton(this);
    btnLogin->move(60, 190);
    btnLogin->setText(tr("登录"));
    btnExit = new QPushButton(this);
    btnExit->move(220, 190);
    btnExit->setText(tr("退出"));
}
LoginDlg::~LoginDlg() { }
```

最后修改 main. cpp 文件。

```cpp
#include "mainwindow.h"
#include <QApplication>
#include "logindialog.h"
int main(int argc, char * argv[])
{
    QApplication a(argc, argv);
    MainWindow w;
    LoginDlg dlg;
    if(dlg.exec()==QDialog::Accepted) {
        w.show();
        return a.exec();
```

```
    }
    else
        return 0;
}
```

编译，运行，可看见如图 7-35 所示的运行结果。界面已和前例一样，但点击按钮还无反应。

图 7-35   运行结果

（4）实现信号和槽的功能

修改 LoginDlg.h，声明一个槽。

```
......   //省略与本步骤无关的代码
class LoginDlg : public QDialog
{
    ......
    QPushButton * btnExit;
private slots:
    void Login();
};
```

修改 LoginDlg.cpp 中的构造函数，连接槽。

```
LoginDlg::LoginDlg(QWidget * parent)   : QDialog(parent)
{
    ......
    QPushButton * btnExit;
    connect(btnLogin, &QPushButton::clicked, this, &LoginDlg::Login);
    connect(btnExit, &QPushButton::clicked, this, &LoginDlg::close);
};
```

在 LoginDlg.cpp 末尾添加槽函数 Login()的定义。

```
void LoginDlg::Login()
{
    // 判断用户名和密码是否正确
    if(ledUser->text()==tr("zhang")&&ledPassword->text()==tr("12345678")){
        accept();
    }
```

```
        // 如果错误则弹出警告对话框
    else {
        QMessageBox::warning(this, tr("警告!"), tr("用户名或密码错误!"),
                            QMessageBox::Yes);
        ledUser->clear();
        ledPassword->clear();
        ledUser->setFocus();
    }
}
```

编译，运行，可看见如图 7-31 所示的运行结果。

7.3　菜单、工具栏和状态栏

菜单、工具栏和状态栏是实现文档视图结构程序的必备元素。下面继续通过例题来进行学习和讨论。

【例 7-5】创建一个带菜单、工具栏、状态栏的简易文本编辑器（界面）。程序的功能为：运行程序，出现一个带菜单、工具栏、状态栏的简易文本编辑器，可对其进行加载、保存、剪切、复制等基本操作。最终效果如图 7-36 所示。

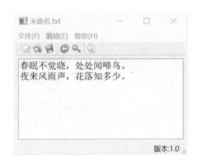

图 7-36　【例 7-5】最终效果　　　　　　　　图 7-37　创建菜单

对于此例题，程序开发步骤涉及以下多个小节。

7.3.1　菜单

步骤 1：新建项目

新建 Qt Widgets Application，项目名称为 mymainwindow，基类选择 QMainWindow，类名为 MainWindow。

步骤 2：创建菜单

创建完项目后，双击 mainwindow.ui 文件进入设计模式。在这里可以看到界面左上角的"在这里输入"，可以在这里添加菜单。双击"在这里输入"，将其更改为"文件（&F）"，按下回车键结束。

&为加速键定义字符，使得菜单可以用同时按 Alt 键和字母键快捷访问，在菜单中显示为下划线。

按同样的方法，在文件菜单中添加"新建(&N)"菜单项。如图 7-37 所示。

步骤 3：添加菜单图标

Qt 中的一个菜单被看作是一个 Action，在 Action 编辑器（Action Editor）中可以看到刚才添加的"新建"菜单，如图 7-38 所示。

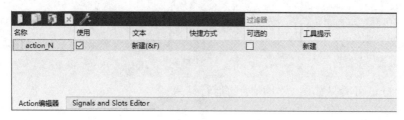

图 7-38　Action 编辑器

双击该条目，会弹出编辑动作对话框，这里可以进行各项设置。点击 下拉框可以使用"选择资源"或"选择文件"两种方式添加菜单图标，如图 7-39 所示。

下面讲解"选择资源"的方式。

首先，向项目中添加新文件（图 7-40），模板选择 Qt 分类中的 Qt 资源文件（Qt Resource File）。接着将名称设置为 MenuIcons。

然后，添加完文件后会自动打开该资源文件，先添加前缀，再点击"Add Prefix"，默认的前缀是"/new/prefix1"，这个可以随意修改（不要出现中文字符），修改为"/MenuImages"（图 7-41）。在项目目录中新建一个文件夹，放入需要的图标文件。点击"Add Files"，选入要用到的图标，完成后点保存。

图 7-39　编辑动作对话框

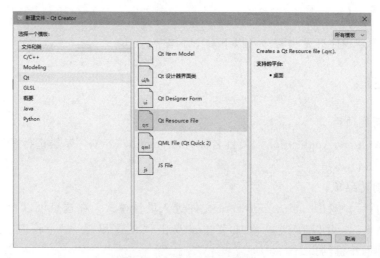

图 7-40　添加新文件

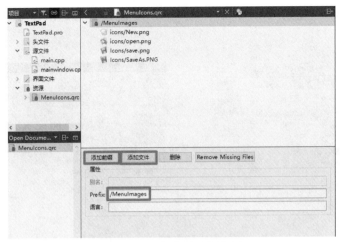

图 7-41　添加菜单图标资源

最后，启用图标，打开 mainwindow.ui 并切换到设计视图，在下面 Action Editor 窗口中双击菜单 Action，在弹出的对话框中选择合适图标，如图 7-42 所示。

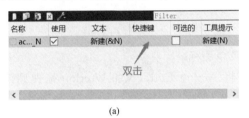

(a)

(b)

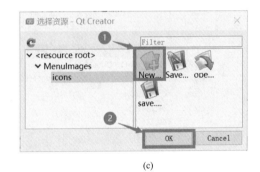

(c)

图 7-42　启用图标步骤

编译，运行，可看见如图 7-43 所示的运行结果。

图 7-43　步骤 3 运行结果

按上述方法添加完整菜单，并在 Action Editor 窗口中指定图标与快捷键，如图 7-44 所示。

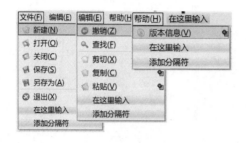

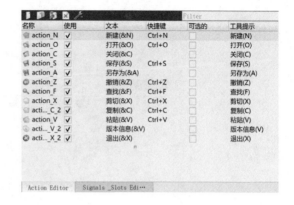

(a) 菜单项

(b) Action Editor中数据

图 7-44　菜单制作

7.3.2　工具栏

步骤 4：向工具栏添加菜单图标

在窗口中添加工具栏，将 Action Editor 中的 Action 拖拽到工具栏中作为快捷图标使用，如图 7-45 所示。

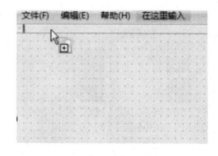

(a) 添加工具栏

(b) 拖拽Action

图 7-45　向工具栏添加菜单图标

最终工具栏如图 7-46 所示。

图 7-46　最终工具栏

7.3.3　文本编辑器与布局

步骤 5：加入文本编辑器

拖入一个文本编辑器 Text Edit 部件，在窗口空白处右击，在弹出的快捷菜单中选择

"布局-栅格布局"，文本编辑器就会充满中央区域，如图 7-47 所示。

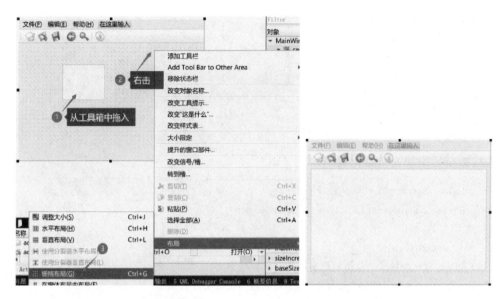

(a) 拖入文本编辑器　　　　　　　　　(b) 充满中央区域

图 7-47　加入文本编辑器

7.3.4　实现功能代码

步骤 6：实现类似记事本的各种文本编辑功能

打开 mainwindow.h，在类定义中添加代码。

```cpp
class MainWindow : public QMainWindow
{
    Q_OBJECT
public:
    MainWindow(QWidget * parent = nullptr);
    ~MainWindow();

public:
    void NewFile();  // 新建文件操作
    bool IsNeedSave();  // 判断是否需要保存
    bool Save();    // 保存操作
    bool SaveAs();  // 另存为操作
    bool SaveFile(const QString &sFileName); // 保存文件
    bool OpenFile(const QString &sFileName); // 加载文件
private:
    Ui::MainWindow * ui;
private:
    bool m_bSaved;  //文件是否保存过
    QString m_sFilePathName; //文件的保存路径
};
```

在 MainWindow. cpp 顶部加入相关的头文件。

```
# include "mainwindow. h"
# include "ui_mainwindow. h"
# include <QMessageBox>
# include <QPushButton>
# include <QFileDialog>
# include <QTextStream>
......
```

在构造函数中加入初始化代码。

```
MainWindow::MainWindow(QWidget * parent)
    : QMainWindow(parent), ui(new Ui::MainWindow)
{
    ui->setupUi(this);
    m_bSaved = false;  //初始化文件为未保存状态
    m_sFilePathName = tr("未命名.txt");  //初始化文件名
    setWindowTitle(m_sFilePathName);  //设置窗口标题
}
```

在 MainWindow. cpp 添加 NewFile()、IsNeedSave()的定义。

```
void MainWindow::NewFile()
{
    if(IsNeedSave()){
        m_bSaved = false;
        m_sFilePathName = tr("未命名.txt");
        setWindowTitle(m_sFilePathName);
        ui->textEdit->clear();
        ui->textEdit->setVisible(true);
    }
}
bool MainWindow::IsNeedSave()
{
    if(ui->textEdit->document()->isModified()){  //如果文档被更改了
        //定义一个提示对话框
        QMessageBox MsgBox;
        MsgBox.setWindowTitle(tr("警告"));
        MsgBox.setIcon (QMessageBox::Warning);
        MsgBox.setText(m_sFilePathName + tr("尚未保存,是否保存?"));
        QPushButton * yesBtn = MsgBox.addButton(tr("是(&Y)"),
                                                QMessageBox::YesRole);
        MsgBox.addButton(tr("否(&N)"), QMessageBox::NoRole);
        QPushButton * cancelBtn = MsgBox.addButton(tr("取消"),
                                                QMessageBox::RejectRole);
```

```
        MsgBox.exec();
        if(MsgBox.clickedButton() == yesBtn)
            return Save();
        else if (MsgBox.clickedButton() == cancelBtn)
            return false;
    }
    return true; //如果文档没有被更改,则直接返回 true
}
```

在 MainWindow.cpp 添加 Save()和 SaveAs()定义。

```
bool MainWindow::Save()
{
    if(! m_bSaved) {
        return SaveAs();
    } else {
        return SaveFile(m_sFilePathName);
    }
}
bool MainWindow::SaveAs( )
{
    QString sFilePathName = QFileDialog::getSaveFileName(this, tr("另存为"),
                                                m_sFilePathName);

    if(sFilePathName.isEmpty())
        return false;
    return SaveFile(sFilePathName);
}
```

在 MainWindow.cpp 添加 SaveFile()定义。

```
bool MainWindow::SaveFile(const QString &sFilePathName)
{
    QFile file(sFilePathName);
    if (! file.open(QFile::WriteOnly | QFile::Text)) {
        // %1和%2分别对应后面 arg 两个参数,/n 为换行
        QMessageBox::warning(this, tr("多文档编辑器"),
                        tr("无法写入文件%1:/n %2").
                        arg(sFilePathName).arg(file.errorString()));
        return false;
    }
    QTextStream out(&file);

    QApplication::setOverrideCursor(Qt::WaitCursor); //鼠标指针变为等待状态
    out<<ui->textEdit->toPlainText();
    QApplication::restoreOverrideCursor(); //鼠标指针恢复原来的状态
```

```
    m_bSaved = true;

    //获得文件的标准路径
    m_sFilePathName = QFileInfo(sFilePathName).canonicalFilePath();
    setWindowTitle(m_sFilePathName);
    return true;
}
```

在 MainWindow. cpp 添加 OpenFile()定义。

```
bool MainWindow::SaveFile(const QString &sFilePathName)
{
    QFile file(sFilePathName);
    if (! file.open(QFile::ReadOnly | QFile::Text)) {
        QMessageBox::warning(this, tr("多文档编辑器"),
                          tr("无法读取文件 %1：/n %2").
                            arg(sFilePathName).arg(file.errorString()));
        return false;
    }
    QTextStream in(&file);
    QApplication::setOverrideCursor(Qt::WaitCursor);
    //读取文件的全部文本内容,并添加到编辑器中
    ui->textEdit->setPlainText(in.readAll());
    QApplication::restoreOverrideCursor();
    //设置当前文件
    m_sFilePathName = QFileInfo(sFilePathName).canonicalFilePath();
    setWindowTitle(m_sFilePathName);

    return true;
}
```

7.3.5 菜单响应

步骤 7：在 Action Editor 中设置菜单响应

按照图 7-48 操作后，Qt 会为 MainWindow 类添加 on_action_N_triggered()槽函数。
为 on_action_N_triggered()槽函数添加代码。

```
//新建动作
void MainWindow::on_action_N_triggered()
{
    NewFile();
}
```

同样操作，为"保存"等各个菜单项添加槽函数和代码。

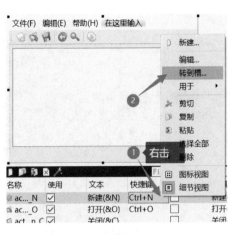

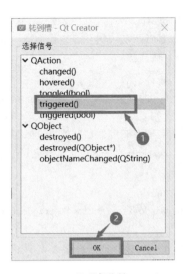

(a) 转到槽 (b) 选择信号

图 7-48 设置菜单响应

```
//保存动作
void MainWindow::on_action_S_triggered()
{
    Save();
}
//另存为动作
void MainWindow::on_action_A_triggered()
{
    SaveAs();
}
//打开动作
void MainWindow::on_action_O_triggered()
{
    if(IsNeedSave()){
        QString sFilePathName＝QFileDialog::getOpenFileName(this);
        //如果文件名不为空,则加载文件
        if(! sFilePathName.isEmpty()){
            OpenFile(sFilePathName);
            ui->textEdit->setVisible(true);
        }
    }
}
//关闭动作
void MainWindow::on_action_C_triggered()
{
```

```
    IsNeedSave(); //若未存盘则先存盘
    NewFile();  //新建一个空白文档
}
//撤销动作
void MainWindow::on_action_Z_triggered()
{
    //可看到,undo复制粘贴等功能都直接利用了 textEdit 自带的功能
    ui->textEdit->undo();
}
//剪切动作
void MainWindow::on_action_X_triggered()
{
    ui->textEdit->cut();
}
//复制动作
void MainWindow::on_action_C_2_triggered()
{
    ui->textEdit->copy();
}
//粘贴动作
void MainWindow::on_action_V_triggered()
{
    ui->textEdit->paste();
}
//退出动作
void MainWindow::on_action_X_2_triggered()
{
    //先执行关闭操作,再退出程序
    on_action_C_triggered();
    qApp->quit(); //qApp 是指向应用程序的全局指针
}
```

编译，运行，可看见如图 7-49 所示的运行结果。

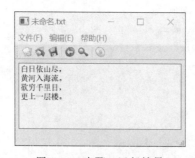

图 7-49　步骤 7 运行结果

7.3.6　状态栏

步骤 8：设置动作状态提示

在 Action 编辑器中选中动作，然后在右面的属性编辑器中对其 statusTip 属性进行更改。设置动作状态提示如图 7-50 所示，编译，运行，可看见如图 7-51 所示的运行效果。

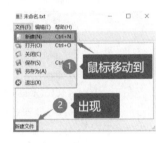

图 7-50　设置动作状态提示　　　　　　图 7-51　步骤 8 运行效果

步骤 9：设置临时状态信息

使用 showMessage() 函数可以为状态栏添加一个临时信息，它会出现在状态栏的最左边。在构造函数中添加代码。

```cpp
MainWindow::MainWindow(QWidget * parent)
: QMainWindow(parent), ui(new Ui::MainWindow)
{
    ui->setupUi(this);
    m_bSaved = false;   //初始化文件为未保存状态
    m_sFilePathName = tr("未命名.txt"); //初始化文件名
    setWindowTitle(m_sFilePathName); //设置窗口标题
    ui->statusbar->showMessage(tr("欢迎使用 TextPad 写字本!"));
}
```

编译，运行，可看见如图 7-52 所示的运行结果。

图 7-52　步骤 9 运行结果

步骤 10：设置持久状态信息

使用 addPermanentWidget() 函数可以为状态栏添加一个持久信息，它会出现在状态栏的最右边。在 MainWindow.cpp 顶部及构造函数中添加代码。

```
......
#include <QTextStream>
#include <QLabel>
MainWindow::MainWindow(QWidget * parent)
          : QMainWindow(parent), ui(new Ui::MainWindow)
{
    ui->setupUi(this);
    m_bSaved = false;  //初始化文件为未保存状态
    m_sFilePathName = tr("未命名.txt"); //初始化文件名
    setWindowTitle(m_sFilePathName); //设置窗口标题
    ui->statusbar->showMessage(tr("欢迎使用 TextPad 写字本!"));
    QLabel * labPermanent = new QLabel;
    labPermanent->setText(tr("版本:1.0"));
ui->statusbar->addPermanentWidget(labPermanent);
}
```

编译，运行，可看见如图 7-53 所示的运行结果。

图 7-53　步骤 10 运行结果

至此，一个简易的文本编辑写字本已基本完成。【例 7-5】的最终效果如图 7-36 所示。对于一个真正的写字本程序，还应该有搜索和版本信息菜单项的功能，这些功能就请读者进一步思考和自行实现。

7.4　鼠标与键盘

鼠标与键盘事件是程序交互最基本的事件，绝大多数的程序都要对它们进行处理。在 Qt 中，通过重写事件处理函数来实现鼠标和键盘事件的处理。下面继续通过例题对它们进行学习和讨论。

7.4.1　鼠标事件处理

【例 7-6】创建一个鼠标与键盘事件响应测试程序。程序功能为：运行程序，按下鼠标时按钮会显示当前鼠标位置。按下键盘的 W、A、S、D 键会显示按键值。程序运行效果如图 7-54 和图 7-55 所示。

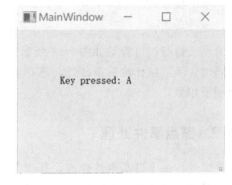

图 7-54　鼠标点击效果　　　　　　　图 7-55　键盘按键效果

程序开发步骤如下。

步骤 1：新建项目

新建 Qt Widgets 应用，项目名称为 "MouseAndKey"。

步骤 2：拖入 Label

完成项目创建后，在设计模式向界面上拖入一个 Label，可参见前文步骤。

步骤 3：添加声明

在 MainWindow.h 文件添加鼠标按下事件处理函数声明。

```
class MainWindow : public QMainWindow
{
    Q_OBJECT
public:
    MainWindow(QWidget * parent = nullptr);
    ~MainWindow();
protected:
    void mousePressEvent(QMouseEvent * );
private:
    Ui::MainWindow * ui;
};
```

步骤 4：添加头文件和鼠标处理函数定义

在 MainWindow.cpp 中添加头文件及鼠标处理函数定义。

```
# include "mainwindow.h"
# include "ui_mainwindow.h"
# include <QMouseEvent>
......
MainWindow::~MainWindow()
{
    delete ui;
}
```

```
void MainWindow::mousePressEvent(QMouseEvent * e)
{
    ui->label->setText(tr("(%1, %2)").arg(e->x()).arg(e->y()));
}
```

编译，运行，可看见如图 7-54 所示的运行结果。

同理，除了鼠标按下事件外，还有鼠标释放、双击、移动、滚轮等事件，其处理方式与这个例子相似。

7.4.2 键盘事件处理

继续进行一个键盘事件处理，其程序功能为：运行程序，按下键盘 W/A/S/D，对话框显示字符串"Key pressed：W/A/S/D"。

步骤 5：添加声明

在 MainWindow.h 文件添加键盘按下事件处理函数声明。

```
class MainWindow : public QMainWindow
{
    Q_OBJECT
public:
    MainWindow(QWidget * parent = nullptr);
    ~MainWindow();
protected:
    void mousePressEvent(QMouseEvent * );
    void keyPressEvent(QKeyEvent * );
private:
    Ui::MainWindow * ui;
};
```

步骤 6：添加头文件及键盘处理函数定义

在 MainWindow.cpp 中添加头文件及键盘处理函数定义。

```
......
#include <QMouseEvent>
#include <QKeyEvent>
......
void MainWindow::keyPressEvent(QKeyEvent * e)
{
    //打印出按键字符
    QString sMsg;
    sMsg = QString::asprintf("Key pressed：%c",e->key());
    ui->label->setText(sMsg);
    //移动标签
    int nX = ui->label->x();
    int nY = ui->label->y();
```

```
switch(e->key()) {
    case Qt::Key_W : ui->label->move(nX, nY-5); break;
    case Qt::Key_S : ui->label->move(nX, nY+5); break;
    case Qt::Key_A : ui->label->move(nX-5, nY); break;
    case Qt::Key_D : ui->label->move(nX+5, nY); break;
}
}
```

编译，运行，可看见如图 7-55 所示的运行结果。

同理，还有键盘释放事件，处理方法类似。

7.5 简单绘图

7.5.1 绘图常用类

在 Qt 中绘图与使用 MFC 绘图类似，也是通过各种绘图类实现。本小节介绍以下几种最基本的绘图类。同样，通过例题来进行学习和讨论。

QPainter 类：可以绘制一切想要的图形，从最简单的一条直线到其他任何复杂的图形，它还可以用来绘制文本和图片。QPainter 一般在一个部件的重绘事件（Paint Event）处理函数 paintEvent()中进行绘制。

QPen 类：画笔类，可以控制图形的颜色、线宽和线型。

QBrush 类：画刷类，为封闭图形填充颜色和图案。

7.5.2 创建简单绘图程序

【例 7-7】创建一个简单绘图程序。程序的功能为：运行程序，出现绘有不同颜色的直线、正方形、圆形和虚线的对话框，如图 7-56 所示。

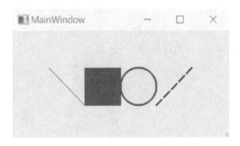

图 7-56　【例 7-7】运行结果

程序开发步骤如下。

（1）新建项目

新建 Qt Widgets 应用，项目名称为 SimpleDraw。

（2）添加声明

在 mainwindow.h 文件中添加重绘事件处理函数的声明。

```
class MainWindow : public QMainWindow
{
    Q_OBJECT
public:
    MainWindow(QWidget * parent = nullptr);
    ~MainWindow();
protected:
    void paintEvent(QPaintEvent * );
private:
    Ui::MainWindow * ui;
};
```

（3）添加头文件及重绘事件函数定义

在 MainWindow.cpp 中添加头文件及重绘事件函数定义。

```
......
#include <QPainter>
......
MainWindow::~MainWindow()
{
    delete ui;
}
void MainWindow::paintEvent(QPaintEvent * )
{
    QPainter painter(this);
    painter.drawLine(QPointF(100, 100), QPointF(200, 200)); //简单画线

    QPen pen;   //画笔
    pen.setColor(QColor(255, 0, 0));
    QBrush brush(QColor(0, 0, 255, 128));   //画刷。颜色第四个参数为透明度
    painter.setPen(pen);          //选择画笔
    painter.setBrush(brush);   //选择画刷
    painter.drawRect(200, 100, 100, 100);   //绘制矩形

    pen.setColor(QColor(255,0,255));
    pen.setWidth(5);
    brush.setColor(QColor(255,255,0));
    //CrossPattern 为十字线填充,更多图案参见帮助
    brush.setStyle(Qt::CrossPattern);
    painter.setPen(pen);
    painter.setBrush(brush);
    painter.drawEllipse(300,100,100,100); //绘制圆
```

```
    pen.setColor(QColor(0,128,128));
    pen.setStyle(Qt:,DashLine);    //DashLine 为虚线。更多线型参见帮助
    painter.setPen(pen);
    painter.drawLine(QPointF(400,200),QPointF(500,100));  //绘制虚线
}
```

编译，运行，可看见如图 7-56 所示的运行结果。

最后，说一说 Qt 与 MFC 的比较。MFC 的开发速度和运行效率更快，但在代码风格上 Qt 更符合封装哲学，因而初学者更容易理解。另外 MFC 仅适用平台 Windows，而 Qt 则适用多个平台，例如 Windows、Android、iOS。开发者可以根据程序功能要求去选用。

思考与练习

1. 用 Qt 做一个登录对话框，要求账号为自己的名字，密码为自己的学号。账号和密码输入正确，点击"确定"后弹出消息框提示"＊＊＊，欢迎您登录"。若账号输入不正确，则弹出消息框提示"无此账号"；若密码输入不正确，则弹出消息框提示"密码错误"。

2. 用 Qt 做一个简易动态加法计算器，要求输入两个数字，点击"计算"显示结果。

3. 用 Qt 制作简单的鼠标绘图画板。

4. 用 Qt 做一个程序，使键盘控制图标上下左右移动。

第8章 视频与音频

8.1 音视频开发概述

8.1.1 音视频开发应用领域

音视频开发应用领域广泛，大致可分为以下几类应用。

（1）音视频播放软件

例如暴风影音、迅雷影音、QQ影音等视频播放器。这是最常见的音视频应用软件，使用这些软件可以播放电影和音乐。

（2）音视频采集、录制

视频、音频文件一般都是从现实中拍摄和录制得到的，例如拍摄视频可以通过摄像机，采集音频可以通过麦克风。硬件拍摄采集到的图像和声音信号要通过软件程序记录成音视频文件。

（3）视频监控

很多工业和生活场所需要录制视频以备日后查阅回顾。这其实也属于音视频采集录制的其中一种情况，但随着技术发展，视频监控的软硬件越来越智能，目前已经能实现图像的自动识别、存储和自动报警功能。

（4）音视频编辑、格式转化软件

例如MP4转换器、3gp格式转换器等。音视频文件格式转换之后，可以适用不同的应用场合。

（5）网络直播

网络直播包括新闻电视等直播，以及各种自媒体的直播，目前已广泛进入大众的生活。人们可以通过音频媒介和网络来观看远端设备拍摄的现场音视频实况，具有高实时性。

（6）数字电视

如今，数字电视已经成为电视台播送节目的一种主要形式。数字电视的发展已对整个社会的信息化和经济发展产生了深刻影响。

除了上述应用领域之外，许多多媒体软件，例如视频会议、在线医疗、游戏、虚拟演播等，都需要用到音视频开发技术。

8.1.2 常用的音视频开发库

目前行业内用得较多的音视频开发库主要以下几种。

（1）微软系开发库

微软（Microsoft）公司曾提供过多种音视频开发库。

早在 1992 年，微软公司就在早期的 Windows 中推出一款对于数字视频的一个软件开发包 VFW（video for Windows），它包含一整套完整的视频采集、压缩、解压缩、回放和编辑的应用程序接口（API）。VFW 的核心是 AVI 文件标准。

1995 年，微软公司开始推出大名鼎鼎的 DirectX，它是一整套多媒体接口方案，包括 DirectDraw、Direct3D、DirectInput、DirectPlay、DirectSound、DirectShow 等多个组件。其中 DirectShow 是专门针对音视频开发的 API，是 VFW 的继承者。2005 年，微软公司把 DirectShow 从 DirectX 中剥离出来，单独成为 Windows 的一个组件。DirectShow 运行的方式通常是开发者创建一个 Filter Graph，把一些 Filter（解码器）加入 Filter Graph，然后播放来自文件、网络或相机的数据。21 世纪初的前十几年，是 DirectShow 的成长期，这个时期正是 Windows 系统作为操作系统霸主的时期，因此绝大多数音视频开发的程序员都学习和使用 DirectShow，DirectShow 在那时的程序员中深入人心。另外，因为 DirectShow 构架是开放的，至今还有第三方公司在开发适用于当今音视频文件的解码器，例如 LAVFilters 等，使得至今 DirectShow 在 Windows 平台上仍能很好地工作。

Windows Vista 推出之后，微软公司又推出一个新的多媒体开发库 Media Foundation。Media Foundation 相比 DirectShow，有一些优化和增强，开发者可以通过 Media Foundation 播放视频或声音文件、进行多媒体文件格式转码，或者将一连串图片编码为视频等。但相比起 DirectShow，其适用的 Windows 系统更加局限，它要求 Windows Vista 或更高版本，不支持较早期的 Windows 版本，特别是 Windows XP。微软公司希望把 Media Foundation 作为 DirectShow 的继承者。但那时候，智能手机时代开始到来，Android、iOS 等移动操作系统乘风而起，Windows 操作系统独霸市场的时代走向终结。除了 Windows 系统外，开发音视频的程序员还希望音视频能在 Android、iOS 等操作系统中播放。因此，视频开发库的跨平台能力开始被程序员们重视。不幸的是，微软系的音视频开发库只能支持 Windows 系统。因此，微软公司虽然新推出了 Media Foundation，但 Media Foundation 却没能成为程序员们的"宠儿"。

（2）FFMpeg

FFMpeg 全称为 fast forward moving picture expert group，它是一套可以用来记录、转换数字音频、视频，并能将其转化为流的音视频开发库。它提供了录制、转换以及流化音视频的完整解决方案。它包含了非常先进的音频/视频编解码库 libavcodec，适用于目前几乎所有的音视频格式，并具有高可移植性和高编解码质量。

FFMpeg 是一个法国程序员 Fabrice Bellard 在 2000 年发起的开源项目，至今已发展多年。它采用 LGPL 或 GPL 许可证，使用 FFMpeg 开发音视频软件需遵守这些协议。

FFMpeg 具有跨平台性，FFMpeg 可以在 Linux、Mac OS X、Windows、BSD、Solaris

等各种构建环境、机器架构和配置下编译、运行。在当今市场上有多种操作系统群雄并立的年代，这个特性吸引了越来越多的程序员来学习和使用它。

FFMpeg 的更多信息可参考其官方网站。

（3）VLC

VLC media player 是一个多媒体播放器以及框架，它支持众多音频与视频解码器及文件格式，并支持 DVD 影音光盘，VCD 影音光盘及各类流式协议，也能作为 unicast 或 multicast 的流式服务器在 IPv4 或 IPv6 的高速网络连接下使用。

VLC 也是一个开源项目，其全称为 video lan client，它原本是巴黎中央理工学院学生的专题计划项目，2001 年，它以 GPL 许可证发布，之后该项目成员遍布了二十多个国家。

VLC 多媒体播放器也具有跨平台的特性，它有 Linux、Microsoft Windows、Mac OS X、BeOS、BSD、Pocket PC 及 Solaris 的版本。

VLC 的更多信息可参考其官方网站。

（4）GStreamer

GStreamer 是用来构建流媒体应用的开源多媒体框架，其目标是简化音视频应用程序的开发，它能够被用来处理像 MP3、Ogg、MPEG1、MPEG2、AVI、Quicktime 等多种格式的多媒体数据。

GStreamer 项目是 Erik Walthinsen 在 1999 年创建的，至今也已发展多年。目前也已成为一个非常强大的跨平台多媒体框架。

GStreamer 也具有跨平台性，它能够在 Linux、Solaris、OpenSolaris、FreeBSD、OpenBSD、NetBSD、Mac OS X，Windows 和 OS/400 上运行。

GStreamer 的更多信息可参考其官网。

除了以上介绍的音视频开发库外，音视频开发还有 SRS、webRTC 等针对特定情景和应用的多种技术。由于篇幅和水平所限，本章不对所有提及的音视频开发库进行详细介绍，而将主要介绍 FFMpeg 的使用在配套电子资源中，还提供了关于 DirectShow 音视频开发、SDL 多媒体开发库、GUI FFMpeg 音视频播放器、FFMpeg 录音与录像的内容，供希望进阶和深入学习的读者参考。

8.2　FFMpeg 音视频播放

8.2.1　FFMpeg 简介

FFMpeg 是一套可以用来记录、转换数字音频、视频，并能将其转化为流的开源库，它提供了录制采集、格式转换以及直播推流的完整解决方案。它包含了非常先进的音频/视频编解码库，并具有跨平台性、高可移植性和高编解码质量。

另外，FFMpeg 不仅是一套开源程序开发库，而且是一组功能强大的应用程序。在控制台中进入下载解压好的 FFMpeg 目录，尝试使用 ffmpeg.exe 和 ffplay.exe 来转换视频格式和播放视频。

（1）ffmpeg.exe

输入 cmd 打开控制台，使用 CD 命令切换至安装 FFMpeg 的目录，输入命令：

ffmpeg -i（视频文件 1 路径与文件名）　　（视频文件 2 路径与文件名）

注意视频文件路径与视频文件路径、视频文件路径与指令之间均有空格。例如，图 8-1 中的命令使得一个名为"gdut. mp4"的视频文件转为"myvideo. mov"。文件格式从 mp4 转成了 mov。

图 8-1　转换格式命令示例

（2）ffplay. exe

控制台中输入命令：

ffplay（视频文件 1 路径与文件名）

则可播放指定的视频文件。例如，图 8-2 中的命令将播放名为"gdut. mp4"的视频文件。

图 8-2　视频播放命令示例

8. 2. 2　FFMpeg 开发设置

本小节主要介绍 FFMpeg 在 Windows 系统下的开发，使用 C/C++和 Visual Studio 作为 IDE 开发环境。为此，需先在 Visual Studio 下进行开发设置，步骤如下。

① 从网上下载，或从配套电子资源中获取 FFMpeg，解压，放到某个方便记忆的目录位置，例如"D:\FFMpeg"。

② 以后在每一个需要 FFMpeg 的 Visual Studtio 工程中，菜单"项目-×××（项目名称）属性"，在弹出的属性页对话框中，在配置属性树中点"VC++目录"，然后在"包含目录"中添加 FFMpeg 中的 include 目录，如"D:\FFMpeg\include"。

再在"库目录"中添加 SDL 中的 lib 目录，如"D:\FFMpeg\lib\Win64"。请根据 VS 中编译的版本是 Win64 还是 Win86 来正确选择 lib 下的 x64 或 x86 目录。

③ 再在"链接器-输入-附加依赖项"中添加"avcodec. lib；avformat. lib；avutil. lib；avdevice. lib；avfilter. lib；swresample. lib；swscale. lib；"。

④ 把 lib 目录下（注意正确选择 Win64 或 Win86 目录）的所有 dll 拷贝至工程目录下。

8. 2. 3　FFMpeg 视频播放器

本小节从最简单的基于 FFMpeg 的视频播放器讲起，通过一个例子来介绍。

【例 8-1】一个最简单的基于 FFMpeg 的视频播放器（效果如图 8-3 所示）。

程序开发步骤如下。

① 首先，要了解 FFMpeg 的视频播放器的基本流程，如图 8-4 所示。

其中，主要函数如下。

av_register_all()：初始化所有组件。

avformat_open_input()：该函数用于打开多媒体数据。

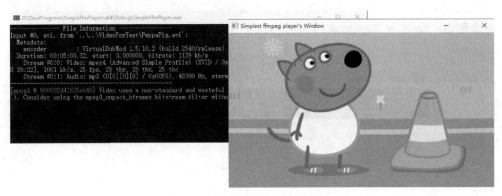

图 8-3　最简单的 FFMpeg 视频播放器

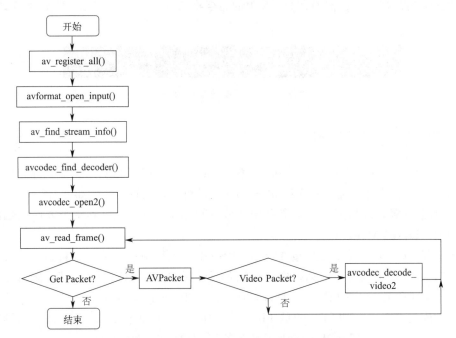

图 8-4　最简单的 FFMpeg 的视频播放器流程

av_find_stream_info()：获取视频流信息。

avcodec_find_decoder()：查找解码器。

avcodec_open()：打开解码器。

av_read_frame()：读取视频中一帧数据。

avcodec_decode_video2()：解码一帧视频数据。

② 启动 Visual Studio（如 VS2022），创建一个控制台项目。项目取名为 SimpleFfm-Video。

③ 按照配套电子资源中 8.3.2 小节设置好 SDL 开发环境。

④ 按照配套电子资源中 8.4.2 小节设置好 FFMpeg 开发环境。

⑤ 编辑代码。打开 SimpleFfmVideo.cpp，替换为配套电子资源中本章"最简单的 FFMpeg 视频播放器"一节的代码。

⑥ 编译，运行。可看到运行结果如图 8-3 所示。视频窗口可以关闭或最小化。

8.2.4 FFMpeg 音频播放器

【例 8-1】完成后没有声音，而视频播放一般都需要有声音。为此，需先学习一下 FFM-peg 纯音频播放，然后再讨论音视频同步。以下例子是一个最简单的基于 FFMpeg 的音频播放器。

【例 8-2】一个最简单的基于 FFMpeg 的音频播放器。

程序开发步骤如下。

① 首先，要了解 FFMpeg 的音频播放器的基本流程，如图 8-5 所示。

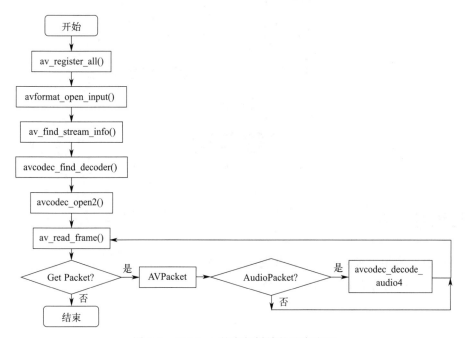

图 8-5　FFMpeg 的音频播放的基本流程

② 启动 Visual Studio（如 VS2022），创建一个控制台项目。项目取名为 SimpleFfmAudio。

③ 按照光盘中 8.3.2 小节设置好 SDL 开发环境。

④ 按照光盘中 8.4.2 小节设置好 FFMpeg 开发环境。

⑤ 编辑代码。打开 SimpleFfmAudio.cpp，替换为配套电子资源中本章"最简单的 FFMpeg 音频播放器"一节的代码。

⑥ 编译，运行。可以听到播放的音频。

8.2.5 音视频同步

【例 8-1】只播放视频图像，【例 8-2】只播放声音，是否两个程序整合起来，就是一个带声音的视频播放器呢？还不行，因为还需考虑音视频同步的问题。音视频同步的过程如图 8-6 所示。

音视频同步的更多理论和解释见配套电子资源。

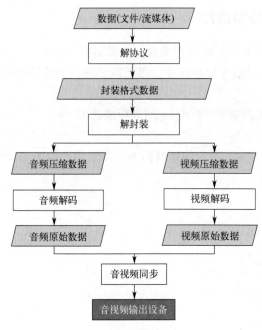

图 8-6　音视频同步过程

思考与练习

1. 目前行业中用得较多的音视频开发库有哪些?
2. 什么是 FFMpeg? 它的优点有哪些?

第 9 章　Cocos2d-X 游戏开发

Cocos2d-X 是全球知名的开源跨平台游戏引擎，是一个基于 MIT 协议的开源的移动 2D 框架，目前已经支持 iOS、Android、Windows 桌面、Mac OS X、Linux、BlackBerry、Windows Phone 等平台，目前与 Unity、虚幻 4 一起是使用最广泛的三大游戏引擎，主要开发语言包括 C++、Lua 以及 Javascript。近几年来比较流行的游戏如我叫 MT、魂斗罗、捕鱼达人、大掌门（图 9-1）等都是 Cocos2d-X 的作品。本章将会介绍 Cocos2d-X 的开发使用，并结合具体案例帮助读者进行深入理解和学习。

(a) 我叫MT　　　　　　　　(b) 捕鱼达人　　　　　　　(c) 大掌门

图 9-1　Cocos2d-X 游戏例子

9.1　开发环境搭建

9.1.1　软件下载安装

（1）Python

① 安装 Python。在此推荐的是 Python2.7。注意，不要安装 Python3，Python3 不支持 Cocos2d-X（如果安装过 Python3 以后的版本，也可以再安装 Python2.7，两个可以分开用）。

② 设置 Path 环境变量。在资源管理器中，点击此电脑→属性→高级系统设置→环境变量→编辑"系统变量"中的 Path 加入 Python 安装目录后重启计算机（图 9-2～图 9-4）。

③ 检查 Python 版本。在控制台中使用命令"python--version"查看，如图 9-5 所示。

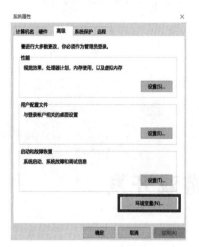 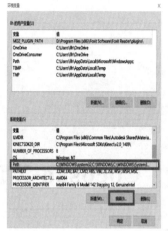 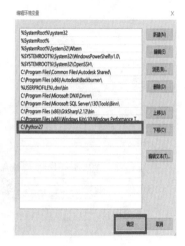

图 9-2　编辑环境变量　　　图 9-3　编辑系统变量　　　图 9-4　添加

（2）CMake

① 安装 CMake。在此推荐的是 CMake3.27。安装过程中选择添加 Path 环境变量，如图 9-6 所示。

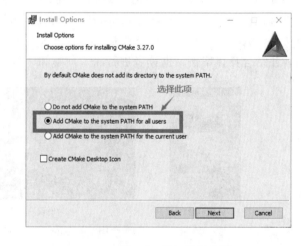

图 9-5　检查 Python 版本　　　　　　图 9-6　添加环境变量

② 检查 CMake 版本。在控制台中使用命令"cmake--version"查看。

（3）设置 Visual Studio

以 VS2022 为例，安装时确保图中模块是否已安装，没有则补充安装，如图 9-7 所示。

把 VC 编译环境路径加到 Path 环境变量中（开始栏搜索 x86 Native Tools Command Prompt for VS 2022，运行输入"where cl"查找出 cl 的路径，把路径加入 Path 环境变量中），如图 9-8～图 9-10 所示。

（4）安装配置 Cocos2d-X

获取 Cocos2d-X-4.0 压缩包并解压，把解压目录放置在适当位置（这个位置就将是 Cocos2d-X 的安装位置）。

进入 Cocos2d-X-4.0 文件夹，运行 setup.py 进行安装。安装过程中可能会询问 NDK 和

Android SDK 的路径，如果没有，可直接按回车键。

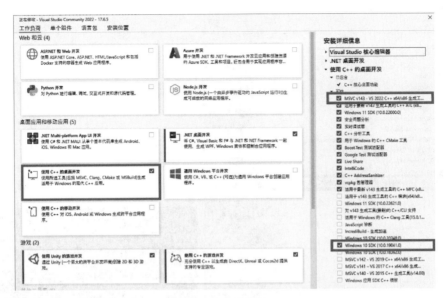

图 9-7　安装勾选

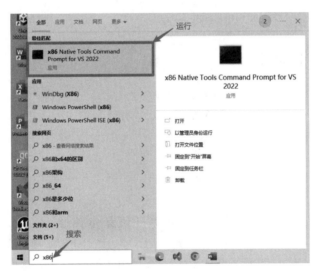

图 9-8　把 VC 编译环境路径添加入 Path 环境中（1）

图 9-9　把 VC 编译环境路径添加入 Path 环境中（2）

安装程序运行完后，按提示重启计算机。重启后可以在控制台输入"cocos --version"，验证一下版本信息。若显示出 Cocos2d-X 和 Cocos Console 的版本信息，就证明安装成功并完成，如图 9-11 所示。

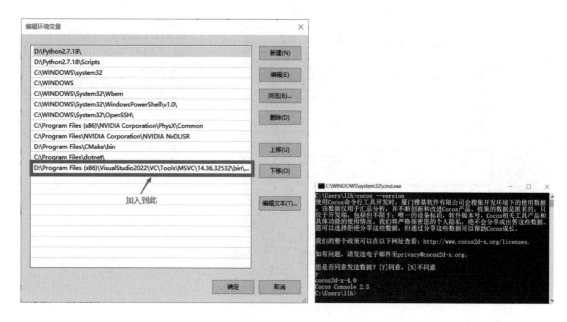

图 9-10　把 VC 编译环境路径添加入 Path 环境中（3）　　　图 9-11　检查 Cocos2d-X 版本

9.1.2　创建项目 HelloCocos

现在尝试创建一个最简单的 Cocos2d-X 程序。

【例 9-1】创建一个基于 Cocos2d-X 的 Hello World 程序。

程序创建步骤如下。

（1）新建项目

在控制台中输入以下命令创建 Cocos 新项目。

命令语法格式：

cocos new 项目名称 -l 语言 -d 路径

例如键入 "cocos new HelloCocos -l cpp -d E:\MyProjects"。执行后，在资源管理器中可以发现在 E:\MyProjects 目录下新建出了一个 HelloCocos 目录，这就是工程目录。

（2）使用 CMake 对项目进行编译

进入工程目录，创建一个名为 "win32-build" 的目录。然后在控制台中进入该目录，输入命令 "cmake .. -G" Visual Studio 17 2022" -Tv143 -A win32"［图 9-12(a)］。

注意 Visual Studio 的版本号，若为 2022 则是 "Visual Studio 17 2022"，若为 2019 则是 "Visual Studio 16 2019"，若为 2017 则是 "Visual Studio 15 2017"。生成工具是 v143（或是其他），要与图 9-6 的强调方框中的内容对应。另外，Cocos2d-X 目前只支持 32 位编译，要加 "-A win32"。完成后如图 9-12(b)所示。

（3）在 Visual Studio 中编译、运行

使用 Visual Studio（本章使用 VS2022）打开 win32-build 目录下的工程文件，把工程设为启动项，然后编译，运行。运行结果如图 9-13 所示。

(a) 编辑步骤

(b) 编译完成

图 9-12   CMake 编译步骤与过程

9.1.3 HelloCocos 程序阅读

图 9-13   【例 9-1】运行结果

至此，创建出了 HelloCocos 程序。虽然还未加入任何一行我们自己的代码，但是程序已经可以运行了。Cocos2d-X 为我们搭建好了一个基本的程序框架，基于此框架，我们可以开发各种各样的 2D 游戏。此外，也有必要阅读一下此框架中的代码。使用 Visual Studio 打开工程，按以下步骤进行阅读。

（1）程序入口

阅读程序可以先从程序入口开始，在 main.cpp 中阅读以下段落。

```
int WINAPI_tWinMain(HINSTANCE hInstance,HINSTANCE hPrevInstance,
                LPTSTR lpCmdLine, int nCmdShow)
{
    //没引用的 hPrevInstance 和 lpCmdLine 参数不要给编译警告
    UNREFERENCED_PARAMETER(hPrevInstance);
    UNREFERENCED_PARAMETER(lpCmdLine);
    // create the application instance
    AppDelegate app; //实际上的入口是 AppDelegate.cpp
    return Application::getInstance()->run();
}
```

实际的程序入口是 applicationDidFinishLaunching（），如下所示。在此程序段中，把背景为深灰色的语句修改成如下所示的语句，以使得窗口变大。

```
bool AppDelegate::applicationDidFinishLaunching()
{
    // 初始化导演
    auto director = Director::getInstance();
    auto glview = director->getOpenGLView();
    if(! glview){
#if(CC_TARGET_PLATFORM == CC_PLATFORM_WIN32) ||
    (CC_TARGET_PLATFORM == CC_PLATFORM_MAC) ||
    (CC_TARGET_PLATFORM == CC_PLATFORM_LINUX))
        glview = GLViewImpl::createWithRect("HelloCocos",cocos2d::Rect(0, 0,
                mediumResolutionSize.width,
                mediumResolutionSize.height)); //改动这两参数使窗口变大
#else
        glview = GLViewImpl::create("HelloCocos");
#endif
        director->setOpenGLView(glview);
    }
    // 显示帧率
    director->setDisplayStats(true);
    // 设置帧率,如果不调用此句,默认帧率为 1.0/60
    director->setAnimationInterval(1.0f / 60);
    // 设置 design resolution
    glview->setDesignResolutionSize(designResolutionSize.width,
                designResolutionSize.height,ResolutionPolicy::NO_BORDER);
    auto frameSize = glview->getFrameSize();
    // 如果帧高度>中等尺寸
    if (frameSize.height > mediumResolutionSize.height){
        director->setContentScaleFactor
                (MIN(largeResolutionSize.height/designResolutionSize.height,
                largeResolutionSize.width/designResolutionSize.width));
    }
    // 如果帧尺寸>小尺寸
    else if (frameSize.height > smallResolutionSize.height){
        director->setContentScaleFactor
                (MIN(mediumResolutionSize.height/designResolutionSize.height,
                mediumResolutionSize.width/designResolutionSize.width));
    }
    // 如果帧高度<中等尺寸
    else{
        director->setContentScaleFactor
                (MIN(smallResolutionSize.height/designResolutionSize.height,
                smallResolutionSize.width/designResolutionSize.width));
    }
```

```
register_all_packages();
// 创建场景。这个场景是自动释放的对象
auto scene = HelloWorld::createScene();   //该函数中会调用 init()
// 运行场景
director->runWithScene(scene);

return true;
}
```

（2）再看看场景初始化 init（）

```
bool HelloWorld::init()
{
    //1. 先调用父类的 init()
    if (! Scene::init()){
        return false;
    }
    auto visibleSize = Director::getInstance()->getVisibleSize();
    Vec2 origin = Director::getInstance()->getVisibleOrigin();
    // 2. 增加一个 menu item image,点击它可以退出程序
    auto closeItem = MenuItemImage::create(
                "CloseNormal.png",            //未点击时显示该图像
                "CloseSelected.png",          //点击时显示该图像
                CC_CALLBACK_1(HelloWorld::menuCloseCallback, this));
                                              //设置点击回调函数
    if (closeItem == nullptr||closeItem->getContentSize().width<=0 ||
                closeItem->getContentSize().height <= 0){
        problemLoading("'CloseNormal.png' and 'CloseSelected.png'");
    }
    else{
        //创建成功则布置在右下角位置
        floatx = origin.x+visibleSize.width-
                closeItem->getContentSize().width/2;
        float y = origin.y + closeItem->getContentSize().height/2;
                    closeItem->setPosition(Vec2(x,y));
    }
    // 创建 menu 控件。此为一个能自动释放的对象
    auto menu = Menu::create(closeItem, NULL);
    menu->setPosition(Vec2::ZERO);
    this->addChild(menu, 1);
```

从上面的代码可看到增加控件的流程如下。

① 实例化一个控件 XXX:: create （），里面设置好图片，有动作的设置好回调函数。

② 计算显示的位置，设置位置 setPosition （）。

③ 添加到场景中 this->addChild ()。

继续接上一部分 (注意要修改背景深灰色的代码行)。

```
//3. Add your codes below...

//4. 增加一个 label 显示文字 "Hello Cocos2d-X"
auto label = Label::createWithTTF("Hello Cocos2d-X",
                                  "fonts/Marker Felt.ttf", 24);
if (label == nullptr){
    problemLoading("'fonts/Marker Felt.ttf'");
}
else{
    // 把 label 放在屏幕中间
    label->setPosition(Vec2(origin.x + visibleSize.width/2,
                       origin.y + visibleSize.height -
                       label->getContentSize().height));
    // 把 label 加入图层
    this->addChild(label, 1);
}
// 5. 增加"HelloWorld.png"图片
auto sprite = Sprite::create("HelloWorld.png");
if (sprite == nullptr){
    problemLoading("'HelloWorld.png'");
}
else{
    // 把 sprite 放到窗口中间
    sprite->setPosition(Vec2(visibleSize.width/2 + origin.x,
                        visibleSize.height/2 + origin.y));

    // 把 sprite 加入图层
    this->addChild(sprite, 0);
}
return true;
}
```

由于篇幅所限, 本小节对涉及的代码只加了注释而没有进行更详细的讲解。对于每个语句的详细用法, 以及各个控件的更详细的创建和使用方法, 读者请参考 Cocos2d-X 的官方文档。

9.2 游戏案例——宇宙战记

了解 Cocos2d-X 程序框架之后, 可以通过着手开发一个游戏案例来深入学习 Cocos2d-X 的开发方法和过程。本节将开发一款 "宇宙战记" 2D 游戏, 其中知识点涉及添加背景图、添加主角战机和敌机、发射子弹、碰撞检测、中弹响应、切换场景等常用游戏功能点。游戏开发完成的效果如图 9-14 所示。

现在，我们一步步来开发游戏的各个功能。

9.2.1　创建新项目

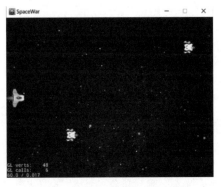

首先按 9.1.2 小节的方法创建新项目，起名为 SpaceWar。使用 Visual Studio 打开 win32-build 目录下的工程文件 SpaceWar.sln 并把工程 SpaceWar 设为启动项，修改 applicationDidFinishLaunching（）中的分辨率，使窗口变大。

图 9-14　游戏开发完成的效果

```
bool AppDelegate::applicationDidFinishLaunching()
{
    auto director = Director::getInstance();
    auto glview = director->getOpenGLView();
    if(! glview){
        #if (CC_TARGET_PLATFORM == CC_PLATFORM_WIN32) ||
        (CC_TARGET_PLATFORM == CC_PLATFORM_MAC) ||
        (CC_TARGET_PLATFORM == CC_PLATFORM_LINUX){
            glview = GLViewImpl::createWithRect("HelloCocos",
                             cocos2d::Rect(0, 0,960, 640));
        #else
            glview = GLViewImpl::create("HelloCocos");
        #endif
            director->setOpenGLView(glview);
}
```

新项目运行效果如图 9-15 所示，可看到 HelloWorld 的界面。下面将基于此程序框架进行修改。

图 9-15　新建项目运行效果

9.2.2　清除 HelloWorld 内容

HelloWorldScene.cpp 里的 init（）函数，只留下以下代码，删除其他。

```
bool HelloWorld::init()
{
    // 1. super init first
    if ( ! Scene::init() ){
        return false;
    }
    return true;
}
```

9.2.3 添加背景图

准备一张背景图（Space.jpg）放进 Resource 目录中，如图 9-16 所示。

图 9-16 背景图片（黑暗星空）

注意：要保证图片文件名大小写完全一致，否则发布成 Android 版本后会因为大小写不同而找不到图片素材，从而导致程序运行出错。本程序中所有的素材文件都要注意此问题。

修改 init（）函数如下。

```
bool HelloWorld::init()
{
    // 1. super init first
    if ( ! Scene::init() ){
        return false;
    }
    auto winSize = Director::getInstance()->getVisibleSize();
    auto origin = Director::getInstance()->getVisibleOrigin();
    // 增加背景图
    auto spriteBackGround = Sprite::create("space. jpg");
    if (spriteBackGround == nullptr){
        problemLoading("'space. jpg'");
    }
    else{
        // 把 sprite 放在窗口中间
```

```
spriteBackGround->setPosition(Vec2(winSize. width/2 +
origin. x,winSize. height/2 + origin. y));
//增加 sprite 到图层
this->addChild(spriteBackGround, 0);
}
    return true;
}
```

9.2.4　添加主角战机

准备一张主角战机的图片（PlaneMe. png）放进 Resource 目录中（图 9-17）。

在 HelloWorldScene. h 中添加以下代码。

图 9-17　主角战机图片

```
class HelloWorld : public cocos2d::Scene
{
    public:
    static cocos2d::Scene * createScene();
    virtual bool init();
    // a selector callback
    void menuCloseCallback(cocos2d::Ref * pSender);
    // implement the "static create()" method manually
    CREATE_FUNC(HelloWorld);
    private:
    cocos2d::Sprite * _player;
};
```

继续修改 init（）函数，在前述增加背景图代码的后面增加以下代码。

```
bool HelloWorld::init()
{
    ......
    // 增加主角战机
    _player = Sprite::create("planeme. png");
    _player->setPosition(Vec2(winSize. width * 0.1, winSize. height * 0.5));
    //加到靠左边中间
    this->addChild(_player);
    return true;
}
```

编译，运行，结果如图 9-18 所示。

9.2.5　添加敌机

准备一张敌机的图片（PlaneEnemy. png），如图 9-19 所示，放进 Resource 目录中。

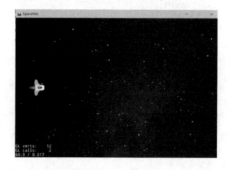

图 9-18　加入主角战机

图 9-19　敌机图片

需要添加一个新函数 addEnemy，在这之前要先在 HelloWorldScene.h 中添加函数声明。

```
class HelloWorld : public cocos2d::Scene
{
    ...... //篇幅所限,使用省略号省略与本步骤无关的代码。下同
    CREATE_FUNC(HelloWorld);
    void addEnemy(float dt);
    ......
};
```

在 HelloWorldScene.cpp 中添加函数定义。

```
void HelloWorld::addEnemy(float dt)
{
    auto enemy = Sprite::create("PlaneEnemy.png");
    // 增加敌机
    auto enemyContentSize = enemy->getContentSize();
    auto selfContentSize = this->getContentSize();
    // 最低位置比窗口底部高半个战机
    int minY = enemyContentSize.height / 2;
    // 最高位置比窗口顶部低半个战机
    int maxY = selfContentSize.height - minY;
    // 高度位置取值范围
    int rangeY = maxY - minY;
    // 在取值范围内随机取值
    int randomY = (rand() % rangeY) + minY;
    enemy->setPosition(Vec2(selfContentSize.width+
                        enemyContentSize.width / 2, randomY));
    this->addChild(enemy);
    // 让敌机动起来
    // 计划从出现处(最右)移到目标点(最左)花费的最少时间
    int minDuration = 2.0;
    // 计划从出现处(最右)移到目标点(最左)花费的最多时间
```

```
    int maxDuration = 4.0;
    // 计划时间的取值范围
    int rangeDuration = maxDuration - minDuration;
    // 在取值范围内随机取值
    int randomDuration = (rand() % rangeDuration) + minDuration;
    // 定义移动的 object
    // 在 randomDuration 这个时间内(2~4 秒内)
    //让敌机从屏幕右边移动到左边(有快有慢)
    auto actionMove = MoveTo::create(randomDuration,
                            Vec2(-enemyContentSize.width / 2, randomY));
    // 定义消除的 Object。敌机移出屏幕后被消除,释放资源
    auto actionRemove = RemoveSelf::create();
    enemy->runAction(Sequence::create(actionMove,actionRemove,nullptr));
}
```

"MoveTo" 与 "MoveBy" 是移动类,前者是在一段时间内移动到指定的点,后者是在当前位置移动多少步。"RemoveSelf" 是移除类,顾名思义是将物体消除。"runAction" 是一种执行动作,通过 Sequence 来组织,以 nullptr 结束。

在 HelloWorldScene.cpp 的 init () 函数中添加敌机随机产生的代码。

```
bool HelloWorld::init()
{
    ......
    // 设置随机种子。因为 addEnemy()中用了 rand()
    // 如果不执行这一步,每次运行程序都会产生一样的随机数
    srand((unsigned int)time(nullptr));
    // 每隔 1.5 秒生成一个怪物。schedule 提供了一个连续动作的功能
    this->schedule(CC_SCHEDULE_SELECTOR(HelloWorld::addEney), 1.5);
    return true;
}
```

编译,运行,可看到不断有新产生的敌机出现并冲过来,如图 9-20 所示。

9.2.6　发射子弹

准备一张子弹图片 (BulletMe.png),如图 9-21 所示,放进 Resource 目录中。

图 9-20　添加敌机运行结果　　　　　　　　图 9-21　子弹图片

在 HelloWorldScene.cpp 的 init（）函数中增加注册事件和绑定响应函数。

```
bool HelloWorld::init()
{
    ......
    // 为发射子弹注册事件和绑定处理函数
    // 定义触摸事件的监听器
    auto eventListener = EventListenerTouchOneByOne::create();
    // 定义回调函数 onTouchBegan():手指一碰到屏幕时就被调用
    eventListener->onTouchBegan=CC_CALLBACK_2(HelloWorld::onTouchBegan,
        this);
    // 使用 EventDispatcher 来处理各种各样的事件,如触摸和其他键盘事件
    this->getEventDispatcher()->addEventListenerWithSceneGraphPriorit
        (eventListener,_player);
    return true;
}
```

这里涉及两个知识点：触摸事件监听器和回调函数。

触摸（点击）事件监听器 EventListenerTouchOneByOne 为单点触摸，对每个触摸事件调用一次回调方法；对应的还有 EventListenerAllAtOnce，为多点触摸，对所有触摸事件调用一次回调方法。

每个监听器支持四个回调函数，如上面提到的回调函数 onTouchBegan（），即当手指刚接触到屏幕时被调用，如果与 EventListenerTouchOneByOne 结合使用，则必须返回三个 true 才能获得另外三个触摸事件。回调函数还有好几种，比如 onTouchMoved（），当手指接触屏幕并进行移动时被调用。onTouchEnded（），当手指离开屏幕时被调用。onTouch-Cancelled（），在特定的结束事件下被调用，比如不小心退出后台时可能会调用。使用触摸事件回调函数前，要进行对应事件监听的绑定。

在 HelloWorldScene.h 中添加事件处理函数的声明。

```
class HelloWorld : public cocos2d::Scene
{
    ......
    CREATE_FUNC(HelloWorld);
    void addEnemy(float dt);
    bool onTouchBegan(cocos2d::Touch * touch, cocos2d::Event * unused_event);
    private:
    cocos2d::Sprite * _player;
};
```

在 HelloWorldScene.cpp 中添加 onTouchBegan 函数定义。

```
Bool HelloWorld::onTouchBegan(Touch * touch, Event * unused_event)
{
    // 获取触摸点的坐标
```

216

```
Vec2 touchLocation = touch->getLocation();
// 计算触摸点相对于"_player"的偏移量
Vec2 offset = touchLocation - _player->getPosition();
// 不允许向后射击
if (offset. x < 0){
    return true;
}
// 在玩家当前位置创建一颗子弹,将其添加到场景中
auto projectile = Sprite::create("BulletMe. png");
projectile->setPosition(_player->getPosition());
this->addChild(projectile);
// 将偏移量转化为单位向量,即长度为 1 的向量
offset. normalize();
// 将其乘以 1500,获得了一个指向用户触摸点方向并保证超出屏幕的向量
auto shootAmount = offset * 1500;
// 将此向量叠加到子弹位置上,这样就有了一个目标位置
auto realDest=shootAmount + projectile->getPosition();
// 创建一个动作,将飞镖在 3 秒内移动到目标位置,然后将它从场景中移除
auto actionMove = MoveTo::create(3.0f, realDest);
auto actionRemove = RemoveSelf::create();
projectile->runAction(Sequence::create(actionMove,actionRemove,
    nullptr));
return true;
}
```

编译,运行,此时主角战机已能发射子弹,运行结果如图 9-22 所示。

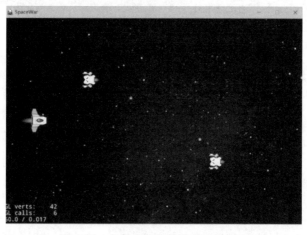

图 9-22　主角战机发射子弹运行结果

9.2.7　碰撞检测

在 HelloWorldScene. cpp 的 init（）函数中初始化 Physics 类。

```
bool HelloWorld::init()
{
    // 1. super init first
    if ( ! Scene::init() ){
        return false;
    }
    // 初始化 Physics
    if (! Scene::initWithPhysics()){
        return false;
    }
    auto winSize = Director::getInstance()->getVisibleSize();
    ......
}
```

在 HelloWorldScene.cpp 的 addEnemy（）中添加代码，给敌机加上 physicsBody。

```
void  HelloWorld::addEnemy(float dt)
{
    ......
    enemy->setPosition(Vec2(selfContentSize.width+
            enemyContentSize.width / 2, randomY));
    // 为敌机增加 physicsBody
    auto physicsBody=PhysicsBody::createBox(enemy->getContentSize(),
                        PhysicsMaterial(0.0f, 0.0f, 0.0f));
    physicsBody->setDynamic(false);      //设为不受重力影响
    //设为能跟所有物体碰撞
    physicsBody->setContactTestBitmask(0xFFFFFFFF);
    enemy->setPhysicsBody(physicsBody);
    this->addChild(enemy);
    ......
}
```

在 HelloWorldScene.cpp 的 onTouchBegan（）中添加代码，给子弹加上 physicsBody。

```
bool HelloWorld::onTouchBegan(Touch * touch, Event * unused_event)
{
    ......
    projectile->setPosition(_player->getPosition());
    // 为子弹添加 physicsBody
    auto physicsBody = PhysicsBody::createBox
            (projectile->getContentSize(),PhysicsMaterial(0.0f, 0.0f,
                0.0f));
    physicsBody->setDynamic(false);      //设为不受重力影响
    //设为能跟所有物体碰撞
    physicsBody->setContactTestBitmask(0xFFFFFFFF);
```

```
    projectile->setPhysicsBody(physicsBody);
    //做一个标记,方便之后识别
    projectile->setTag(100);
    this->addChild(projectile);
    ......
}
```

在 HelloWorldScene. cpp 的 init（）函数中增加代码，注册碰撞事件和绑定响应函数。

```
bool HelloWorld::init()
{
    ......
    this->getEventDispatcher()->addEventListenerWithSceneGraphPriorit
        (eventListener, _player);
    // 为子弹碰撞注册事件和绑定处理函数
    auto contactListener=EventListenerPhysicsContact::create();
    contactListener->onContactBegin=CC_CALLBACK_1(HelloWorld::onContact
                Begin, this);
    _eventDispatcher->addEventListenerWithSceneGraphPriority(
        contactListener, this);
    return true;
}
```

在 HelloWorldScene. h 中添加碰撞事件处理函数的声明。

```
class HelloWorld : public cocos2d::Scene
{
    ......
    CREATE_FUNC(HelloWorld);
    void addEnemy(float dt);
    bool onTouchBegan(cocos2d::Touch * touch,cocos2d::Event *  unused_event);
    bool onContactBegin(cocos2d::PhysicsContact&  contact);
    private:
    cocos2d::Sprite * _player;
};
```

在 HelloWorldScene. cpp 中添加 onContactBegin 函数定义。

```
bool HelloWorld::onContactBegin(cocos2d::PhysicsContact&  contact)
{
    auto nodeA= contact. getShapeA()->getBody()->getNode();
    auto nodeB= contact. getShapeB()->getBody()->getNode();
    //如果其中一个物体为子弹,则删除另一个
    if (nodeA && nodeB){
        if (nodeA->getTag() == 100){
                //前面对子弹做了个 100 标记,这里靠该标记来识别
                nodeB->removeFromParentAndCleanup(true);
```

```
        }
        else if (nodeB->getTag() == 100){
            nodeA->removeFromParentAndCleanup(true);
        }
    }
    return true;
}
```

上面代码中，EventListenerPhysicsContact 为碰撞事件的监听器，与触摸事件监听器类似。每个碰撞事件监听器支持四个回调函数，使用碰撞事件回调函数前，要进行对应事件监听的绑定。其中 onContactBegin () 在两物体刚接触时被调用一次，而 onContactPreSolve () 是在两物体接触时持续被调用；onContactPostSolve () 在物体碰撞处理完成但还未分开时被调用，而 onContactPostSeparate () 是在物体分开后被调用一次。

编辑完代码后，编译，运行，此时子弹已能消灭敌机，如图 9-23 所示。

9.2.8　敌机发射子弹

准备一张敌机子弹图片（BulletEnemy. png），如图 9-24 所示，放进 Resource 目录中。

图 9-23　碰撞检测运行结果　　　　　　　　　　　图 9-24　敌机子弹图片

设计目标是令敌机在飞行的过程随机生成子弹。可以将敌机 MoveTo 的 Action，改成 MoveTo->shootStar->MoveTo 这样的动作序列，实现前半段 MoveTo 的距离随机产生。

在 HelloWorldScene. cpp 中修改 addEnemy ()，具体如下。

```
void HelloWorld::addEnemy(float dt)
{
    ......
    this->addChild(enemy);
    //注释掉下面两段
    //删除 int minDuration = 2.0;
    //删除 int maxDuration = 4.0;
    //删除 int rangeDuration = maxDuration - minDuration;
    //删除 int randomDuration=（rand()% rangeDuration)+minDuration;
    //删除 auto actionMove = MoveTo::create(……);
    //删除 auto actionRemove = RemoveSelf::create();
    //删除 enemy->runAction(Sequence::create(actionMove,
            actionRemove, nullptr));
```

```
//增加以下代码
//让敌机动起来
int maxX = selfContentSize.width;
//计算敌机发射子弹袋随机位置
int randomX = maxX - (rand() % (int)(maxX / 2));
float enemySpeed = 150;
//敌机运动第一段的时间
float randomDuration2 = (float)randomX / enemySpeed ;
//敌机运动第二段的时间
float randomDuration1 = (float)(maxX - randomX) / enemySpeed ;
//第一段移动
auto move1 = MoveTo::create(randomDuration1, Vec2(randomX,
            randomY));
//第二段移动
auto move2 = MoveTo::create(randomDuration2, Vec2(-
            enemyContentSize.width/2,randomY));
// 定义消除的 Object。怪物移出屏幕后被消除,释放资源
auto actionRemove = RemoveSelf::create();
// 敌机发射子弹
auto shootStar = CallFunc::create([=](){        //自定义动作
    // 创建敌人子弹
    Sprite * eProjectile = Sprite::create("BulletEnemy.png");
    eProjectile->setPosition(enemy->getPosition());
    // 添加敌机子弹袋 physicsBody
    auto physicsBody = PhysicsBody::createBox
                    (eProjectile->getContentSize().PhysicsMaterial(0.0f,
                        0.0f,0.0f));
    //设置成不受重力影响
    physicsBody->setDynamic(false);
    //设置自己的碰撞掩码为 0011
    physicsBody->setCategoryBitmask(3);
    //设置用掩码 0100 去碰别人。4 能跟 F 碰,不跟 3 碰
    physicsBody->setContactTestBitmask(4);
    eProjectile->setPhysicsBody(physicsBody);
    eProjectile->setTag(101);     //做个标记 101
    this->addChild(eProjectile);     // 敌机发射子弹
    //敌机子弹速度
    float starSpeed = 130;
    //敌机子弹移动时间
    float starDuration = (float)randomX / starSpeed;
    //移动动作
    auto projectileMove = MoveTo::create(starDuration,
                _player->getPosition());
    auto projectileRemove = RemoveSelf::create();
```

```
                eProjectile->runAction(Sequence::create(projectileMove,
                        projectileRemove, nullptr));
        });
        // 敌人发射子弹时,停顿一下
        DelayTime * delay = cocos2d::DelayTime::create(0.05);
        enemy->runAction(Sequence::create(move1, delay, shootStar, move2,
                actionRemove, nullptr));
}
```

编译，运行，此时敌机已可以发射子弹，结果如图 9-25 所示。

图 9-25 敌机发射子弹运行结果

9.2.9 主角战机中弹

主角战机中弹也涉及碰撞检测的问题。对碰撞检测再进行具体分析，有以下三种状况：

① 敌机子弹或敌机自身碰到主角战机，游戏结束；

② 主角战机子弹可以消灭敌机子弹以及敌机；

③ 主角战机或敌机的子弹碰到自身，没有影响。

结合以上情况，可以设计出掩码，见表 9-1。

表 9-1 碰撞检测掩码设计

角色	掩码设计	二进制值
主角战机	setCategoryBitmask(5)	0101
	setContactTestBitmask(1)	0001
主角战机子弹	setCategoryBitmask(5)	0101
	setContactTestBitmask(2)	0010
敌机	setCategoryBitmask(3)	0011
	setContactTestBitmask(1)	0001
敌机子弹	setCategoryBitmask(3)	0011
	setContactTestBitmask(4)	0100

根据表 9-1，在 HelloWorldScene.cpp 的 init（）函数中增加代码，为主角战机添加碰撞属性。

```
bool HelloWorld::init()
{
    ......
    // 增加主角战机
    _player = Sprite::create("planeme.png");
    _player->setPosition(Vec2(winSize.width * 0.1, winSize.height * 0.5));
    // 为主角战机添加碰撞属性
    auto physicsBody= PhysicsBody::createBox(_player->getContentSize(),
            PhysicsMaterial(0.0f, 0.0f, 0.0f));
    physicsBody->setDynamic(false);
    physicsBody->setCategoryBitmask(5);
    physicsBody->setContactTestBitmask(1);
    _player->setPhysicsBody(physicsBody);
    _player->setTag(TAG_MY_PLANE);        //#define  TAG_MY_PLANE     102
    this->addChild(_player);
    ......
}
```

在 HelloWorldScene.cpp 的开头添加宏定义。

```
USING_NS_CC;
#define  TAG_MY_PROJECTILE       100      //主角战机子弹
#define  TAG_ENEMY_PROJECTILE    101      //敌机子弹
#define  TAG_MY_PLANE            102      //主角战机
#define  TAG_ENEMY_PLANE         103      //敌机
Scene * HelloWorld::createScene(){
    return HelloWorld::create();
}
```

搜索 "setTag"，把所有语句的参数修改成对应的宏定义，比如：

```
void HelloWorld::addEnemy(float dt)
{
    ......
    // 敌机发射子弹
    auto shootStar = CallFunc::create([=](){         //自定义动作
        // 创建敌人子弹
        Sprite * eProjectile = Sprite::create("BulletEnemy.png");
        eProjectile->setPosition(enemy->getPosition());
        // 添加敌机子弹袋 physicsBody
        auto physicsBody =
                PhysicsBody::createBox(eProjectile->getContentSize(),
                        PhysicsMaterial(0.0f, 0.0f, 0.0f));
        //设置成不受重力影响
        physicsBody->setDynamic(false);
```

```
//设置自己的碰撞掩码为 0011
physicsBody->setCategoryBitmask(3);
//设置用掩码 0100 去碰别人。4 能跟 F 碰,不跟 3 碰
physicsBody->setContactTestBitmask(4);
eProjectile->setPhysicsBody(physicsBody);
//做个标记 101
eProjectile->setTag(TAG_ENEMY_PROJECTILE);
this->addChild(eProjectile);
.......
}
```

在 HelloWorldScene.cpp 的 onContactBegin ( ) 中添加主角战机被碰撞的代码。

```
bool HelloWorld::onContactBegin(cocos2d::PhysicsContact& contact)
{
    auto nodeA = contact.getShapeA()->getBody()->getNode();
    auto nodeB = contact.getShapeB()->getBody()->getNode();
    if (nodeA && nodeB){
        int nTagA = nodeA->getTag();
        int nTagB = nodeB->getTag();
        if (nTagA == TAG_MY_PROJECTILE){
            nodeB->removeFromParentAndCleanup(true);
        }
        else if (nTagB == TAG_MY_PROJECTILE){
            nodeA->removeFromParentAndCleanup(true);
        }
        // 当 player 碰到敌人或者敌机的子弹,就该 Game Over 了
        if (nTagA == TAG_MY_PLANE  ||  nTagB == TAG_MY_PLANE){
            log("Game over");
        }
    }
    return true;
}
```

编译,运行,此时主角战机被碰撞到时 VS 输出窗口会产生 Game Over 提示,如图 9-26 所示。

9.2.10 切换场景

在 VS 输出窗口输出游戏结束显然是不合适的,因此需要单独设计一个游戏结束的界面。在 Classes 文件夹中,新建一个 cpp 文件,取名为 GameOverScene.cpp,如图 9-27 和图 9-28 所示。在 Classes 文件夹中,新建一个头文件,取名为 GameOverScene.h,如图 9-29 所示。把 HelloCocos 项目中的 HelloWorldScene.h 和 HelloWorldScene.cpp 中的代码分别对应地拷贝到 GameOverScene.h 和 GameOverScene.cpp 中,并把所有 "HELLOWORLD" 和 "HelloWorld" 的字样替换成 "GAMEOVER" 和 "GameOver"(与替换 "setTag" 步骤一样)。

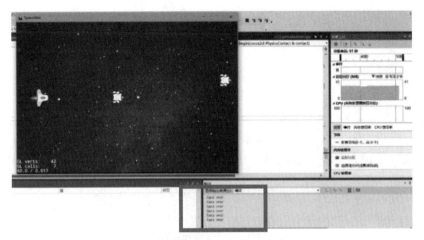

图 9-26　游戏结束提示

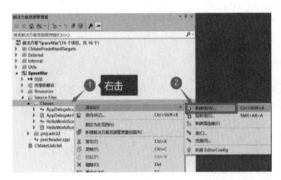

图 9-27　新建项

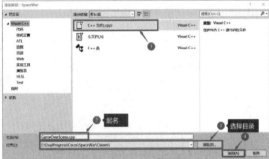

图 9-28　新建 cpp 文件

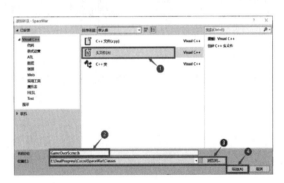

图 9-29　新建头文件

在 HelloWorldScene. cpp 的开头添加＃include " GameOverScene. h"。

```
# include "HelloWorldScene. h"
# include "GameOverScene. h"
```

在 GameOverScene. cpp 中 的 init （ ） 函数中修改代码如下，删除 HELLOWORLD 图像。

```
bool GameOver::init()
{
    ......
    // 3. add your codes below...
    // add a label shows "Game Over"
    // create and initialize a label
    auto label = Label::createWithTTF("Game Over!",
                "fonts/Marker Felt.ttf", 48);
    label->setTextColor(Color4B(249, 194, 111, 255));
    ......
    else{
        // position the label on the center of the screen
        label->setPosition(Vec2(origin.x + visibleSize.width / 2,
                            origin.y + visibleSize.height/2));
        // add the label as a child to this layer
        this->addChild(label, 1);
        }
    //删除// add "GameOver" splash screen"
    //删除auto sprite = Sprite::create("GameOver.png");
    //删除if (sprite == nullptr)
    //删除{
    //删除problemLoading("'GameOver.png'");
    //删除}
    //删除else
    //删除{
    //删除// position the sprite on the center of the screen
    //删除sprite ->setPosition(Vec2(visibleSize.width / 2 + origin.x,
    //visibleSize.height / 2 + origin.y));
    //删除// add the sprite as a child to this layer
    //删除this->addChild(sprite, 0);
    //删除}
    return true;
}
```

在 HelloWorldScene.cpp 的 onContactBegin（）函数中，添加切换游戏结束界面的代码。

```
bool HelloWorld::onContactBegin(cocos2d::PhysicsContact& contact)
{
    ......
        // 当 player 碰到敌机或者敌机的子弹,切换 GameOver 场景
        if (nTagA == TAG_MY_PLANE || nTagB == TAG_MY_PLANE) {
            log("Game over");
            Director::getInstance()->replaceScene(GameOver::createScene());
```

```
        }
    }
    return true;
}
```

编译，运行。当主角战机被碰到时，运行结果如图 9-30 所示。

图 9-30　GameOver 运行结果

至此，"宇宙战记"游戏程序的基本功能已开发完成。玩家已可操纵主角战机与敌机对战。当然，一款吸引用户的游戏还应该有丰富的功能，例如计分、多关卡、多玩家等。这些功能的实现留给读者进一步思考。

9.3　安卓版发布

除了可运行在计算机上外，很多电子游戏可运行在手机上。Cocos2d-X 是一个跨平台的开发工具，开发出来的游戏可运行在多种平台上。本节以安卓手机为例，介绍安卓版发布的方法和步骤。

9.3.1　发布准备

（1）安装 Android Studio 和 Android SDK

一般 Android SDK 会随 Android Studio 一并装上。新定义一个系统变量 ANDROID_SDK_ROOT，写上 Android SDK 的路径。

（2）安装 NDK

下载 Android NDK 压缩文件，无须安装，解压，直接拷贝至某个目录下，在 Android Studio 中填入 NDK 目录。

新定义一个系统变量 NDK_ROOT，写上 NDK 的路径（根据所填入的 NDK 目录），并在 path 系统变量中加上以下 4 个路径：

%ANDROID_SDK_ROOT% \ platforms

%ANDROID_SDK_ROOT% \ platforms-tools

%ANDROID_SDK_ROOT% \ tools

%NDK_ROOT%

（3）验证安装

在 cmd 中输入 android，出现如图 9-31 提示则说明安装成功。

图 9-31　安装成功

9.3.2　导入 Cocos 的测试工程

在 Android Studio 中导入 HelloCocos 工程。导入时不要着急操作什么，因为 IDE 还要安装编译 Gradle 等一些工作。等下面的状态条显示已经稳定之后，点击 Build->Rebuild Project，编译会持续几分钟至十几分钟的时间，直到提示编译成功。

将安卓手机连接到计算机上，手机上如果有提示，一定要选"传输文件"，并且将开发者模式打开（各个手机情况不一样，请自己查找）。在 Device 栏会看到手机的信息，点击右边的绿色三角箭头，如图 9-32 所示。然后就可以看到 HelloCocos 在手机上运行起来，如图 9-33 所示。

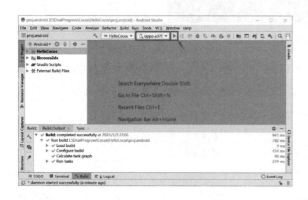

图 9-32　开发模式界面

图 9-33　手机上运行的 HelloCocos

9.3.3　导入 SpaceWar 工程

导入的总体步骤与上小节相同，但是 SpaceWar 工程多了一个游戏结束的场景，需要在 CMakeLists.txt（在工程根目录下）中添加 GameOver 场景的 .cpp 和 .h。

```
......
# add cross-platforms source files and header files
list(APPEND GAME_SOURCE
    Classes/AppDelegate.cpp
    Classes/HelloWorldScene.cpp
    Classes/GameOverScene.cpp
)
list(APPEND GAME_HEADER
    Classes/AppDelegate.h
    Classes/HelloWorldScene.h
```

```
    Classes/GameOverScene. h
)
......
```

编译，运行，SpaceWar 就可以在手机上运行了。

思考与练习

1. 思考如何在宇宙战记游戏案例的游戏界面顶部加入计分功能。
2. 思考如何加入声效（发射子弹声音和命中敌机声音等）。

第10章 虚拟现实应用

10.1 虚拟现实概述

所谓虚拟现实（virtual reality，VR），顾名思义，就是虚拟和现实相互结合。从理论上来讲，虚拟现实技术是一种可以创建和体验虚拟世界的计算机仿真系统，它利用计算机生成一种模拟环境，使用户沉浸到该环境中。虚拟现实技术就是利用现实生活中的数据，通过计算机技术产生的电子信号，将其与各种输出设备结合使其转化为能够让人们感受到的现象，这些现象可以是现实中真真切切的物体，也可以是我们肉眼所看不到的物质，通过三维模型表现出来。因为这些现象不是我们直接所能看到的，而是通过计算机技术模拟出来的现实中的世界，故称为虚拟现实。

10.1.1 虚拟现实特性及应用领域

虚拟现实技术致力于模拟一切人类所拥有的感知功能，比如视觉、听觉、触觉、味觉、嗅觉等感知系统，虚拟现实有以下几点特征。

（1）沉浸性

沉浸性是虚拟现实技术最主要的特征，就是让用户成为并感受到自己是计算机系统所创造环境中的一部分，虚拟现实技术的沉浸性取决于用户的感知系统，当使用者感知到虚拟世界的刺激时，包括触觉、味觉、嗅觉、运动感知等，便会产生思维共鸣，造成心理沉浸，感觉如同进入真实世界。

（2）交互性

交互性是指用户对模拟环境内物体的可操作程度和从环境得到反馈的自然程度，使用者进入虚拟空间，相应的技术让使用者与环境产生相互作用，当使用者进行某种操作时，周围的环境也会做出某种反应。如使用者接触到虚拟空间中的物体，那么使用者手上应该能够感受到，若使用者对物体有所动作，物体的位置和状态也应改变。

（3）多感知性

多感知性表示计算机技术应该拥有很多感知方式，比如听觉，触觉、嗅觉等。理想的虚拟现实技术应该具有一切人所具有的感知功能。由于相关技术，特别是传感技术的限制，目前大多数虚拟现实技术所具有的感知功能仅限于视觉、听觉、触觉、运动等几种。

（4）构想性

构想性也称想象性，使用者在虚拟空间中，可以与周围物体进行互动，可以拓宽认知范围，创造客观世界不存在的场景或不可能发生的环境。构想可以理解为使用者进入虚拟空间，根据自己的感觉与认知能力吸收知识，发散并拓宽思维，创立新的概念和环境。

（5）自主性

自主性是指虚拟环境中物体依据物理定律动作的程度。如当受到力的推动时，物体会向力的方向移动，或翻倒、或从桌面落到地面等。

虚拟现实技术在影视娱乐、展览展示、教育培训、医学、军事、航空航天等领域均有应用。

10.1.2 虚拟现实开发方法

虚拟现实系统中视觉仿真的实质是加载和显示一套模型（一般为 3D），并实现与之交互。原理是人在物理交互空间通过传感器集成等设备与由计算机硬件和 VR 引擎产生的虚拟环境交互。来自多传感器的原始数据经过传感器处理成为融合信息，经过行为解释器产生行为数据，然后输入虚拟环境并与用户进行交互，最后，来自虚拟环境的配置和应用状态再反馈给传感器。

虚拟现实的本质在于它的模拟和仿真，可以通过现有的信息技术手段达到对现实世界中客观事物的模拟和再现。不管技术如何发展，虚拟现实系统都是为了更好地把现实世界中的事物尽可能真实地表现出来，所以，它的主体还是现实，虚拟现实只是最现实的模拟，并不是现实。但是它又通过模仿，尽可能地模拟出现实中的功能和特性，通过交互的手段，令使用者产生"身临其境"的感觉。

虚拟现实应用的开发方法一般可分为两类。一类是基于某种图形开发库，例如 Open-GL、Direct3D 等。这类方法自由度大，可以完全自己确定要开发的功能，但这类方法对开发人员要求较高，不仅要对开发语言和图形库非常熟悉，而且要对计算机图形学涉及的数学和物理方法有精深的理解。另一类是基于引擎软件，例如虚幻引擎、Unity3D、Vega Prime、Virtools 等。这类方法基于引擎软件提供的方法或接口，能较容易实现三维物体的导入和场景构建，并且也能实现多种常见的游戏和多媒体应用的功能。基于引擎软件的方法，难度要比基于图形开发库的方法低一些，对开发人员的数学和物理知识要求稍低一些。当然，若能对相关的数学和物理知识熟悉，则是对游戏和多媒体软件开发更有利的事情。

10.1.3 虚幻引擎简介

虚幻引擎（unreal engine，UE）是由美国 Epic Game 公司开发的一款真实 3D 应用创作引擎软件。早期产品定位是游戏引擎，至今已发展成游戏开发、虚拟现实应用、影视虚拟制片、工业和建筑可视化的实时 3D 应用创作工具。很多经典和流行的游戏都是使用虚幻引擎进行开发的，例如图 10-1 中的游戏。

(a) 战争机器

(b) 绝地求生

图 10-1　游戏例子

虚幻引擎的功能非常丰富，可用来开发 PC 游戏、手机游戏等设计开发，还涉及影视制作、建筑设计、战略演练、三维仿真城市建设、可视化与设计表现、无人机巡航等诸多领域，绝大多数可以用到三维仿真表达、虚拟环境模拟的行业，都可以用 UE4 来进行模型表达、场景构建和动态仿真。其中虚幻引擎最常用的功能包括模型构建、材质编辑、特效制作和程序开发。对于程序开发，虚幻引擎主要使用的语言为 C++和蓝图。

虚幻引擎的安装步骤如下。

① 下载 Launcher 程序。可从其官网上下载。

② 运行并安装 Launcher 程序。Launcher 并不是虚幻引擎平台本身，而是一个虚幻引擎版本和相关应用管理程序，通过它，可以下载安装各个版本的虚幻引擎，并且还有下载案例资源、访问虚幻商城等功能。

③ 在 Launcher 中，安装任意所需的虚幻引擎版本（本书使用 UE5.3.1 版本）。可以在计算机中安装几个不同版本的虚幻引擎，不过需要有比较大的硬盘空间。

安装完成后的 Launcher 界面和虚幻引擎界面如图 10-2 所示。

(a) Launcher界面

(b) 安装完成并启动后的虚幻引擎界面

图 10-2　虚幻引擎界面

10.2　虚幻引擎建模基础

在虚拟现实和游戏的应用中，一般都需要一个或多个三维场景。三维场景模型可以用 3ds Max、Maya 等专门的建模软件构建，也可以在虚幻引擎中构建。本节通过一个例子来介绍如何在虚幻引擎中进行建模，过程中将涉及模型构建、导入、材质、灯光等建模的基本操作。

【例 10-1】构建一个开放房间模型。

我们用多个小节来说明制作步骤，这些步骤包括创建新项目、场景视口操作、创建新关卡、放置物体、改变材质、导入外部模型以及执行构建过程。

10.2.1　创建新项目

首先启动虚幻引擎，在项目类型页面选择游戏类型项目，如图 10-3 所示。在模板选择页面，可看到对于多种常见的游戏类型和虚拟现实应用都有对应的项目模板。在此，选择"空白"类型，如图 10-4 所示，来体验一下完全从无到有地构建一个项目。在项目设置页面，选择 C＋＋项目，使用 C＋＋作为开发语言，再指定一个项目路径，并把新建项目命名为 Room，如图 10-5 所示。

图 10-3　选择项目类型页面

图 10-4　选择模板页面

设置完成后，点击"创建项目"按钮，虚幻引擎按照设置开始进行项目创建。等待一段时间，虚幻引擎就完成项目创建。可以看到，创建出来的场景并非完全空白，UE5.3.1 创建出来的空白场景会自带一个默认地形。同时，因为选择了 C＋＋项目，完成后会自动打开 Visual Studio，如图 10-6 所示。

图 10-5　项目设置页面

(a) 创建完成后的虚幻引擎界面

(b) 创建完成后弹出的Visual Studio

图 10-6　创建项目完成

10.2.2　场景视口操作

在开始做更多操作之前，应学习一下虚幻引擎中场景视口的操作方法。操作主要是控制摄像机的移动。使用表 10-1 中归纳的场景视口的标准操作方法。

表 10-1　标准操作

操作	动作
透视口	
鼠标左键 + 拖拽	前后移动摄像机,以及左右旋转摄像机
鼠标右键 + 拖拽	旋转摄像机
鼠标左键 + 鼠标右键 + 拖拽	上下、左右移动摄像机
正交视口(顶视口、前视口、侧视口)	
鼠标左键 + 拖拽	选择物体
鼠标右键 + 拖拽	平移摄像机
鼠标左键 + 鼠标右键 + 拖拽	拉伸摄像机镜头
聚焦	
F	将摄像机聚焦到选中的对象上

以上是场景视口的标准操作，主要是利用鼠标左右键以及拖拽进行操作，在不同的视口中相同的操作有着不同的效果，注意区分。表 10-2 介绍了利用键盘控制相机的方法。

表 10-2　WASD 飞行控制

操作	动作
W｜数字键 8｜↑键	向前移动摄像机
S｜数字键 2｜↓键	向后移动摄像机
A｜数字键 4｜←键	向左移动摄像机
D｜数字键 6｜→键	向右移动摄像机
E｜数字键 9｜PageUp 键	向上移动摄像机
Q｜数字键 7｜PageDown 键	向下移动摄像机
Z｜数字键 1	拉远摄像机（提升视场）
C｜数字键 3	推进摄像机（降低视场）

10.2.3　创建新关卡

在虚幻引擎编辑器菜单中选择文件，再选择新建关卡即可创建新关卡，新建关卡时选择空白关卡，如图 10-7 所示。

要保存创建好的关卡时候，可以点击"保存当前关卡"进行保存，如图 10-8 所示。

 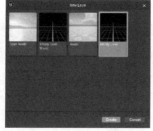

(a) 新建关卡　　　　(b) 选择空白关卡

图 10-7　创建新关卡

图 10-8　保存当前关卡

10.2.4　放置物体

可以利用放置物体来进行场景的搭建，比如搭建一个房间，在虚幻引擎中，例如光源等视觉效果也被算作物体。场景中每一个物体都可以作为一个 Actor 被程序引用。

（1）立方体（Cube）

放入立方体，调整其长宽高比例。这将作为本场景的地面，如图 10-9 所示。

图 10-9　放置立方体

（2）定向光源（Directional Light）

放入一个定向光源，调整其照射方向为向下，如图 10-10 所示。

图 10-10　放入定向光源

（3）指数雾（Exponential Height Fog）和大气（Sky Atmosphere）效果

放入一个大气层以及指数级高度雾以实现雾气效果，如图 10-11 所示。

图 10-11　放入大气层和指数雾

（4）使用模型素材

虚幻引擎为初学者提供了一个包含基础素材的内容包，在创建项目时如果没有勾选则需要手动添加，操作步骤如图 10-12 所示。

图 10-12　添加初学者内容包

添加完初学者内容包后就可以使用里面的素材了。首先找到 Prop 目录，进入目录中，可看到有多个模型素材。把一把椅子拖入场景，调整其摆放位置与角度，其中切换调整位置、调整角度、缩放大小的键分别为 W、E、R，椅子调整界面如图 10-13 所示。

图 10-13　椅子调整界面

注意一下"内容浏览器（Content Browser）"窗口中看到的"Content"下的目录结构与 Windows 资源管理器中项目目录下的"Content"目录下的内容是否一致。

接着继续在 Prop 目录中找到圆桌、门框和门的素材，放入场景，如图 10-14 所示。

图 10-14　继续放置相应素材

接着放入多个立方体，改变尺寸比例，拼成一个墙面，如图 10-15 所示。可以稍稍挪动下圆桌和椅子的位置使它们不会完全被墙壁遮挡住光线。

拼好的墙如图 10-16 所示。

在 Prop 目录中找到窗框和窗玻璃的素材，放入场景，如图 10-17 所示。

放入多个立方体，改变尺寸比例，构建有窗的墙面，如图 10-18 所示。

继续添加其他围墙，如图 10-19 所示。

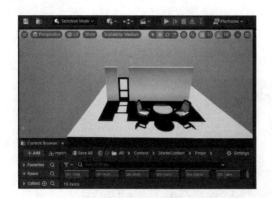

图 10-15　构建墙面

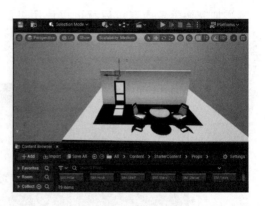

图 10-16　拼好的墙

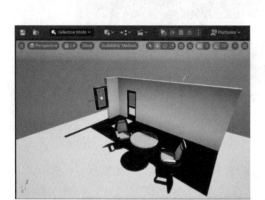

图 10-17　放入窗框和窗玻璃

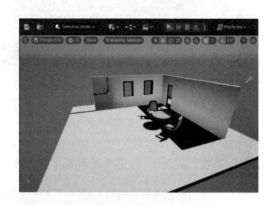

图 10-18　构建有窗的墙面

构建完墙面之后，用正方体构建屋顶，调整地面以适合房间大小，如图 10-20 所示。

图 10-19　添加其他围墙

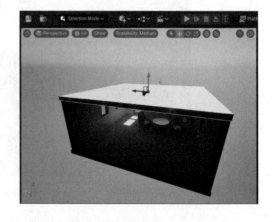

图 10-20　构建屋顶，调整地面

房间整体抬高一点，下面再加一个更大的室外地面，调整至如图 10-21 所示。

（5）设置灯光

把 Prop 目录中的悬吊灯座拖入场景放置到天花板中央。把一个点光源拖入场景，调整位置至灯座下面。调整属性中的灯光颜色，再点击构建，效果如图 10-22 所示。

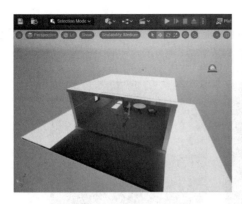

图 10-21　室外地面　　　　　　　　　　图 10-22　设置灯光

把 Prop 目录中的壁灯灯座拖入场景放置到墙壁上，放置多个，每一个壁灯灯座上放置一个点光源。调整属性中的灯光颜色。并把这些灯光的属性改为静态光源，关闭室外的定向光源，效果如图 10-23 所示。

图 10-23　设置壁灯灯光

（6）Lightmass 重要体积

放入一个 Lightmass 重要体积，调整大小和位置，使体积包含房间。重要体积的作用是确保体积内部区域获得更高的光照品质，如图 10-24 所示。

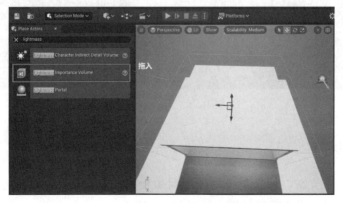

图 10-24　设置 Lightmass 重要体积

（7）音效

可以在编辑器中加入 wav 声音，加入背景音效的步骤：先导入 wav 声音文件，然后创建 Cue，再设置循环播放，最后在细节窗口中选择音效 Cue(图 10-25～图 10-27)。

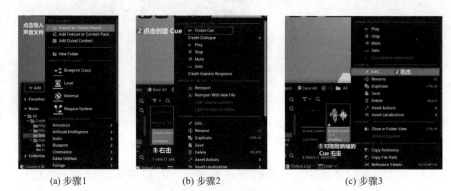

(a) 步骤1　　　　　　(b) 步骤2　　　　　　(c) 步骤3

图 10-25　创建、编辑 Cue

图 10-26　设置循环播放

图 10-27　选择 Cue

10.2.5　改变材质

选中物体，在细节窗口可以更改材质。例如要更改图 10-28 中最左边的墙，可以选中它，然后在细节窗口中更改它的材质，如图 10-28 所示。

图 10-28 选择材质

使用此方法，更改所有墙面、天花板和地面的材质，最后的效果如图 10-29 所示。

图 10-29 更改材质后的效果

10.2.6 导入外部模型

对于更复杂、更专业的模型，建模人员通常会使用 3ds Max、Maya 等专业建模软件制作，然后导入虚幻引擎中，外部模型的导入有两种方法：fbx、DataSmith。

（1）导入 fbx 模型

在 3ds Max、Maya 等专业建模软件中把模型导出成 fbx 格式，在虚幻引擎中导入 fbx 模型。以下是把一个霸王龙模型导入虚幻引擎，调整大小、比例与角度的例子。

如图 10-30 所示，以 3ds Max 为例，在 3ds Max 中编辑好模型和动画之后，点击菜单"File→Export→Export…"，弹出 Select File to Export 对话框，选择导出格式为 fbx，并为导出文件命名，然后点击"Save"按钮，即可得到 fbx 文件。

然后在虚幻引擎中导入 fbx 文件，步骤如图 10-31 所示。在内容浏览器中新建一个文件夹，选中它。然后点击"添加/导入"按钮，在展开菜单中点击"导入到/Game/Model"菜单项。然后在弹出的文件对话框中找到要导入的 fbx 文件，点击"打开"按钮。虚幻引擎这时会弹出一个 fbx 导入选项对话框，一般建议选择"合并网格体"一项。点击"导入"或"导入所有"按钮，fbx 文件包含的模型、贴图和材质数据就会出现在刚才新建的文件夹下。最后把模型拖入场景中，场景就会出现该模型物体。

(a) 步骤1　　　　　　　　　　　　(b) 步骤2

图 10-30　导出 fbx 格式文件

(a) 步骤1　　　　　　　　　　　　(b) 步骤2

(c) 步骤3　　　　　　　　　　　　(d) 步骤4

图 10-31　导入 fbx 文件步骤

提示：本小节使用的恐龙模型的 3ds Max 文件和对应的 fbx 文件，在本书的配套电子资源中有提供。当然，读者也可以自行在 3ds Max、Maya 或其他建模软件中自建模型。

（2）DataSmith

DataSmith 是 UE4.19 之后 Epic 公司提供的新的数据转换方法。DataSmith 与 fbx 方法相比，在数据组织、贴图打包、灯光转换等方面都更为出色。

该方法需要用到 DataSmith 导出插件。在 Unreal 官网搜索"DataSmith"并下载插件，注意下载适合的建模软件的版本，如图 10-32 所示。

图 10-32　按照 DataSmith 导出插件

安装好后，就可以在建模软件中导出成 udatasmith 格式的文件了。

同样以 3ds Max 为例，如图 10-33 所示，在 3ds Max 中编辑好模型和动画之后，点击菜单"File→Export→Export…"，如图 10-33（a）所示，弹出 Select File to Export 对话框，选择导出格式为 udatasmith，并为导出文件命名，然后点击"Save"按钮，如图 10-33（b）所示，即可得到 udatasmith 文件。如果图 10-33（b）中的文件格式没有 udatasmith 选项，也可在石墨工具下面找到 DataSmith 导出按钮，如图 10-33（c）所示。

(a) 步骤1

(b) 步骤2

(c) 步骤1的另一种方法

图 10-33　导出 udatasmith 格式文件

想要导入 udatasmith 格式文件，对于 UE4.19～UE4.23 需要下载 DataSmith 导入插件，而 UE4.24 之后则已经将 Data Smith 插件内置，只需在虚幻引擎中勾选插件即可，如图 10-34 所示。

(a) 步骤1   (b) 步骤2

图 10-34   勾选相应插件

  勾选好插件之后，就可以导入 udatasmith 模型了。如图 10-35 所示的步骤，在虚幻引擎工具栏中，点击"Datasmith"按钮，在弹出的文件对话框中选择需要导入的 udatasmith 模型文件，点击"打开"按钮。在弹出的对话框中选择导入的位置，再在弹出的导入选项对话框中勾选需要导入的内容，然后点击"导入"按钮，就可看到虚幻引擎中导入了所需的模型。调整所导入的模型的大小、比例与角度，最终导入效果如图 10-35（e）所示。图 10-35 的演示步骤导入的模型是一个三角龙模型，该模型的 udatasmith 文件可在配套电子资源中找到。

(a) 在工具栏中找到Datasmith

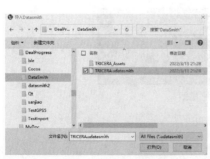

(b) 选择需导入的udatasmith文件

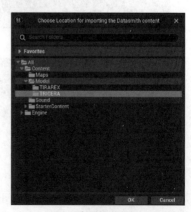

(c) 选择导入的位置

(d) 勾选导入选项，点击"导入"

(e) 导入的最终效果

图 10-35　导入 udatasmith 文件的步骤

导入的模型中，可能包含多个物体，可以使用"合并 Actor"（"Merge Actors"）功能合并成一个物体，如图 10-36 所示。这样，在虚幻引擎编辑模型时会方便一点。

图 10-36　合并 Actor

10.2.7　执行构建过程

继续完善房间模型。例如再导入一只翼龙模型，并在房间周围放置一些灌木模型（Prop 目录中有素材），场景最终效果如图 10-37 所示。

再单击工具栏上的"构建"进行所有关卡的构建，然后单击"运行"即可以第一视角漫游体验自己做好的关卡。使用鼠标和键盘的箭头或 W、A、S、D 键进行漫游。在此时的运行状态下，大部分物体都会有碰撞体积，但是如门等物体仍然可以自由穿过。

10.2.8　设置默认场景

最后，点击菜单"编辑→项目设置"（"Edit→Project Setting…"）→地图和模式

（Maps & Models）→把"编辑器开始地图"（"Editor Startup Map"）和"游戏默认地图"（"Game Default Map"）选为房间场景，如图 10-38 所示。至此，就建成了一个开放的房间场景，在这个场景中，放置了三个恐龙模型。

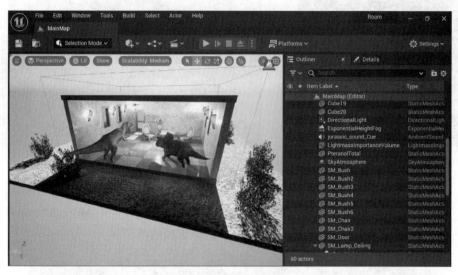

图 10-37　场景最终效果

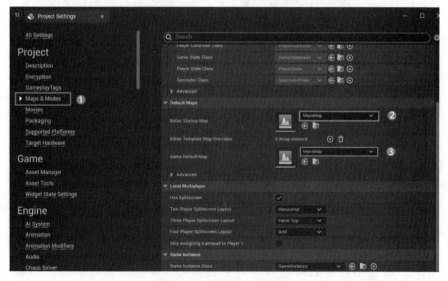

图 10-38　设置默认场景

10.3　虚幻引擎编程基础

要实现功能丰富的游戏或者多媒体功能，除了有模型之外，还需进行程序设计。本节将介绍虚幻引擎编程基础。本节内容涉及：引擎编程机制、控制物体运动、断点调试与日志调试、增强输入系统（对应 UE4 的操作映射）、UI 设计与开发。

10.3.1　引擎编程机制

在虚幻引擎中，场景所看到的每个物体都可对应某个类，例如 10.2 节中的桌子、椅子、恐龙，都可以对应演员（Actor）类。在运行过程中，这些类会发生各种事件，例如碰撞、出现、定时等。只要对这些事件编写事件处理函数，就可以控制这些物体的行为。

除了场景中看得见的物体外，虚幻引擎中还有一些全局类，它们控制着游戏底层逻辑、全局设置和全局数据等，例如游戏模式类、玩家控制器类、游戏状态类等。这些全局类也有各种事件，常常需要对这些事件编写事件处理函数，来对游戏/虚拟现实应用进行一些总体控制。

利用虚幻引擎进行编程的必备条件是在创建项目时选择"C＋＋项目"，如图 10-39 所示（参见"10.2.1　创建新项目"小节）。

图 10-39　选择"C＋＋项目"

10.3.2　控制物体运动

虚拟现实/游戏场景中，常常有很多运动的物体，例如车辆行进、飞行器飞行、开关门、操作器具的移动等。这些物体的运动一般都要用程序才能实现进行控制。下面通过例题来介绍程序控制的方法。

【例 10-2】10.2 节中，在房间内放入了三个恐龙模型（霸王龙、三角龙和翼龙），现在使用程序控制翼龙自动地进行上下漂浮的运动。

程序开发步骤如下。

（1）新建 C＋＋组件

选中翼龙模型，在细节窗口中为其新建 C＋＋组件，操作步骤如图 10-40 所示。

选择父类，采用默认的"Actor 组件"（"Actor Component"），点击"继续"，如图 10-41 所示。

类名定为 FloatingPteranol，点击"创建类"（"Create Class"），如图 10-42 所示。

然后可看到 Visual Studio 自动弹出，并显示 FloatingPteranol 类的代码。在代码中可看到有两个事件响应函数。

图 10-40　新建 C++组件

图 10-41　选择父类

图 10-42　创建类

① BeginPlay（）。演员（Actor）的 BeginPlay（）函数是演员出现时调用的事件处理函数。很多初始化的工作可以放在此函数中。

② TickComponent（）。演员的 TickComponent（）函数是每帧都调用到一个函数。对于每帧都要做的事务，例如每帧都要进行的数据更新，可以放在此函数中。

（2）修改代码

要实现演员模型的上下移动，代码思路是：首先取得模型的位置，Z 坐标值叠加上一个 $\sin(t)$ 函数值，sin 函数值是上下波动的，所以模型的高度值也会因此上下波动。sin 的参数 t 取自程序开始运行以来经过的时间，可以将这个时间定义为一个成员变量 RunningTime 来记录。

首先在 FloatingPteranol.h 中添加：

```
float RunningTime;
```

然后在 FloatingPteranol.cpp 的 TickComponent（）中添加：

```
AActor * pter = GetOwner();  //取得翼龙的 Actor
FVector NewLocation = pter->GetActorLocation();
float DeltaHeight = (FMath::Sin(RunningTime));
NewLocation. Z += DeltaHeight;
RunningTime += DeltaTime;
pter->SetActorLocation(NewLocation);
```

（3）设置翼龙属性

选中翼龙，在细节窗口中把其移动性设置为"可移动物体"（"Movable"），如图 10-43
所示。

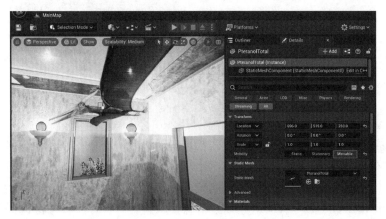

图 10-43　设置属性

（4）编译

可在 VS 中编译：点击菜单"生成-生成 Room"，代码运行成功即可在引擎编辑器中运
行。也可在 UE 中编译：按 Ctrl＋Alt＋F11 键，弹出 Live Coding 窗口进行编译。若提示有
错误则需修改，直到编译通过。

（5）运行

检查翼龙 Actor 是否已挂上 C＋＋脚本组件，如图 10-44 所示。若没挂上，应再次点击
"添加"（"Add"）按钮并搜索 FloatingPteranol 脚本组件，把它添加到翼龙 Actor 上。

在工具栏中按下"运行"图标 ，即可看到翼龙已能上下漂浮。

10.3.3　断点调试与日志调试

在任何程序的开发过程中，调试都是非常重要的。通过调试，程序的错误才能被找出和
排除。断点调试和日志调试是程序调试的两种典型方法。虚幻引擎对这两种调试方法都
支持。

（1）断点调试

在 Visual Studio 中，设置断点，按 Ctrl＋Alt＋P 键（或菜单"调试-附加到进程"），
选择已打开的 Unreal Editor 作为要附加到的进程，点击"附加"按钮。在 Unreal Editor 中
点击 Play 按钮启动，即可进行断点调试。程序运行遇到断击点时在 Visual Studio 中就会
停下。

图 10-44　检查翼龙 Actor 是否已挂上 C++脚本组件

（2）日志调试

日志调试需要先把调试信息以某种方式打印显示出来。在虚幻引擎中，最常用的打印调试信息的方法有两种。

第一种，使用函数 AddOnScreenDebugMessage（…）把信息打印到场景左上角。

第二种，使用函数 UE_LOG（…）把信息打印到日志。打开日志窗口：点击菜单"窗口-开发者工具-输出日志"，就可以看到打印的日志信息。

后面的小节中，将在代码中使用这两个日志打印函数，读者可观察日志调试的效果。断点调试则不便用文字表述，请读者按上文的方法自行多做尝试。

10.3.4　增强输入系统

增强输入系统是虚幻引擎提供的一种响应用户输入行为（例如鼠标和键盘）的机制，以动作（Action）和输入映射上下文（Input Mapping Context）为核心。Action 将动作与处理函数绑定起来，输入映射上下文则是管理这些 Action 以及连接增强输入系统。现在需要的是用鼠标点击物体，即按下和松开鼠标左键。下面通过例题来讲解使用方法。

【例 10-3】　实现以下功能：点击恐龙，在场景和日志中输出该恐龙的信息。

实现步骤为：

① 在项目中启用增强输入系统，这需要对项目进行一些配置的设置；

② 创建 Action 和 Input Mapping Context 资源并进行一些设置；

③ 在某个类中创建 Action 和 Input Mapping Context 变量以关联刚创建的资源；

④ 声明 Action 对应的处理函数，将 Input Mapping Context 注册到增强输入系统中以及将 Action 和对应的处理函数绑定起来；

⑤ 书写具体的处理函数的实现。

以上步骤提到的"某个类"，在本例情况下，不应选择任何一个场景中能看见的模型的演员类，而应选择一个全局类。

点击菜单"编辑-项目设置",再点击"地图和模式",可看到与地图和模式相关几个全局类(图 10-45)。

游戏模式类:该类管理着游戏运行模式和底层逻辑。

Pawn 类:这是玩家或 AI 控制的所有 Actors 的基础类。

HUD 类:这是用于显示在摄像机面前的二维图文信息(例如游戏的分数、血条、胜负等)的类。

玩家控制器类:这是接受玩家输入并控制游戏的接口类。

游戏状态类:这是记录游戏状态数据的类。

旁观者类:这是用类以旁观者模式观看的类。

图 10-45　项目设置

在本例中,选择玩家控制器类。

程序开发步骤如下。

① 新建玩家控制器类。点击菜单"工具-新建 C++类"("Tools-New C++ Class"),在弹出的对话框中选择"玩家控制器"("Player Controller")为父类[图 10-46(a)]。然后为新类命名,如图 10-46(b)所示命名为 MyPlayerController。最后点击"创建类"("Create Class")按钮。

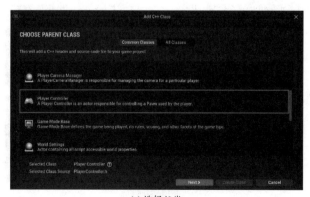

(a)选择父类

图 10-46

(b) 命名和创建

图 10-46　新建玩家控制器类

然后回到上页图中地图和模式的设置，发现在默认的游戏模式类 GameModeBase 下，玩家控制器类不能选择更改。为此，还需新建一个自己的游戏模式类，来替换掉默认的游戏模式类。

② 新建游戏模式类。在内容文件夹下新建一个 Blueprints 文件夹。然后进入该文件夹，在内容浏览器中用鼠标右键点击"蓝图类"（"Blueprint Class"）菜单项，如图 10-47(a) 所示。在弹出"选择父类"（"Pick Parent Class"）对话框中点击"游戏模式基础"（"Game Mode Base"）按钮，如图 10-47(b) 所示。然后为新建的游戏模式类修改命名为"MyGameModeBP"，如图 10-47(c) 所示。

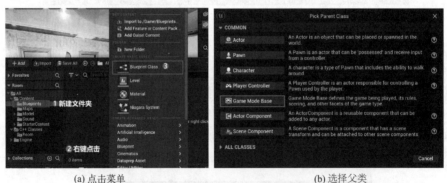

(a) 点击菜单　　　　　　　　　　　　　　　　　　　　(b) 选择父类

(c) 修改命名

图 10-47　新建游戏模式类

在此说明一下：C＋＋类与蓝图类，是虚幻引擎提供的两种"编程"方法，一种是使用C＋＋语言，另一种是虚幻引擎内嵌的模块化"编程"方法，称为蓝图（Blue Print）。蓝图能开发较简易的交互功能，为设计人员提供了一种快速的、能较容易理解的交互功能开发手段。C＋＋则能开发全面的、深入的功能。

继续讲解步骤，本例新建的游戏模式类只为替换默认类，不需要做任何修改。

③ 在项目设置中把默认游戏模式类替换成 MyGameModeBP 类，这时，下面的各种全局类可以进行修改，如图 10-48 所示。

④ 把玩家控制器类修改为 MyPlayerController 类。此时，就可以在 MyPlayerController类中加入代码实现需要的功能。

图 10-48　修改游戏模式类和玩家控制器类

有了玩家控制器之后，接下来将开始进入增强输入系统的学习。

⑤ 在 UE5 中，需要**手动启用增强输入系统**。打开 UE 对应的 VS 项目，找到××.Build.cs，××是自己的项目名，然后如图 10-49 所示在对应位置上添加下列代码。

```
PublicDependencyModuleNames.AddRange(new string[] { "EnhancedInput" });
```

图 10-49　启用增强输入系统

添加上述代码后，编译项目时就会启用增强输入系统了。

⑥ 按照图 10-50 所示创建一个**输入操作**（Input Action）和一个**输入映射情景**（Input

Mapping Context)，由于需要一个点击鼠标左键的 Action，那么新建一个 Action 并命名为 MouseClickAction。

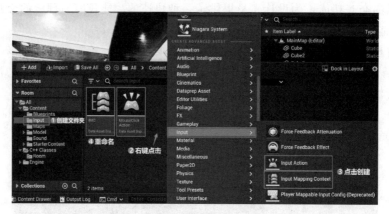

图 10-50　创建 Input Action 和 Input Mapping Context

接着对创建的两个资源进行如图 10-51 所示的配置。

图 10-51　设置 Action

Action 的值类型主要分为两大类：Digtal（0、1 两种取值）和 Axis（［0，1］连续变化），值 1 代表触发对应动作，值 0 代表没有触发动作。其中 Digtal 对应离散型的输入值（如鼠标按下或松开），Axis 对应连续型的输入值（如鼠标长按）。由于鼠标点击属于离散型输入，因此将 Action 的值类型设置为 Digtal。

Trigger（触发器）是用来判断当前输入事件什么时候应该触发的触发规则，对于单击事件，需要设置触发器为 Pressed，触发器的其他选项作用如下所示。

Down：值大于阈值（默认为 0.5）就触发。

Pressed：不激活到激活。

Released：激活到不激活。

Hold：按住大于某个时间。

Tap：按下后快速抬起（默认为 0.2）。

Chorded：根据别的 Action 联动触发。

HoldAndRelease：按住大于某个时间后松开。

设置完 Action 后，需要在刚创建的 Input Mapping Context 中注册，作用是将 Action 与具体的鼠标点击动作绑定，如图 10-52 所示。

图 10-52　设置 Input Mapping Context

⑦ 创建完 Action 和 Input Mapping Context 资源后，由于需要在前面创建的 MyPlayerController 类中使用这两个资源，因此需要创建对应的变量以关联这些资源，具体代码如下。

```cpp
// MyPlayerController.h 文件
#include "CoreMinimal.h"
#include "EnhancedInputComponent.h"
#include "EnhancedInputSubsystems.h"
#include "GameFramework/PlayerController.h"
#include "MyPlayerController.generated.h"
UCLASS()
class ROOM_API AMyPlayerController : public APlayerController
{
    GENERATED_BODY()
private:
    // UPROPERTY 是一个宏，指定了变量与 UE 编辑器交互的一些方式
    // EditAnyWhere 表示可以在 UE 编辑器的任何地方使用此变量
    UPROPERTY(EditAnyWhere, Category = "EnhancedInput")
    TObjectPtr<UInputMappingContext> PIMC;// 标识 Input Mapping Context 资源的指针
    UPROPERTY(EditAnywhere, Category = "EnhancedInput")
    TObjectPtr<UInputAction> PMouseClickAction; // 标识 Action 资源的指针
};
```

编译（Ctrl＋Alt＋F11 键），UE5 中的 AMyPlayerController 类得到更新。

还需要对刚创建的这两个变量赋值以指向对应的资源，创建 PlayerController 的子蓝图，通过子蓝图直接进行赋值，最后需要重新修改默认控制器类为刚创建的蓝图类，具体操

作如图 10-53 所示。

(a) 创建 PlayerController 蓝图类

(b) 设置 PlayerController 蓝图类

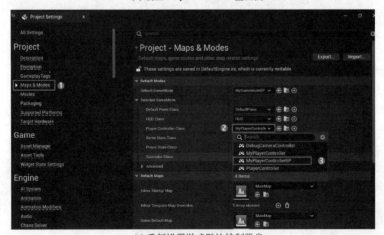

(c) 重新设置游戏默认控制器类

图 10-53　创建及设置控制器类

⑧ 接下来需要声明 Action 的处理函数。将 Input Mapping Context 注册到增强输入系

统中，最后将它们通过 Input Mapping Context 绑定起来，具体代码实现如下。

```cpp
// MyPlayerController.h 文件

UCLASS()
class ROOM_API AMyPlayerController : public APlayerController
{
    ......
    TObjectPtr<UInputAction> PMouseClickAction; // 标识 Action 资源的指针
    // 声明 MouseClickAction 的处理函数
    void ActionMouseClickHandle(const FInputActionValue& Value);
protected:
    // Action 将在此函数中绑定
    virtual void SetupInputComponent() override;
};
```

注意其中大部分是样板代码，不必纠结为什么要这样写，简单来说就是规定。

```cpp
// MyPlayerController.cpp 文件
// 定义处理函数的具体实现
void AMyPlayerController::ActionMouseClickHandle(const FInputActionValue&
                                                 Value)
{
}


void AMyPlayerController::SetupInputComponent()
{
    Super::SetupInputComponent();
    // 获取玩家控制器
    if (APlayerController * PlayerController =
                            CastChecked<APlayerController>(this))
    {
        // 获取增强输入子系统
        if (UEnhancedInputLocalPlayerSubsystem * Subsystem =
            ULocalPlayer::GetSubsystem<UEnhancedInputLocalPlayerSubsystem>(
            PlayerController->GetLocalPlayer()))
        {
            // 将 Input Mapping Context 注册到增强输入子系统中
            // 由于可以在子系统中注册多个 Input Mapping Context,第二个参数起到标识作用
            Subsystem->AddMappingContext(PIMC, 0);
        }
    }

    // 获取增强系统组件
    if (UEnhancedInputComponent * EnhancedInputComponent =
```

```
                    CastChecked<UEnhancedInputComponent>(InputComponent))
{
    // 通过增强系统组件以绑定 Action 与对应的处理函数
    EnhancedInputComponent->BindAction(
        PMouseClickAction, // Action
        ETriggerEvent::Triggered, // 触发类型
        this, // 处理函数的调用者
        &AMyPlayerController::ActionMouseClickHandle // 处理函数
    );
}
}
```

⑨ 最后一步就是书写处理函数的具体实现，具体代码如下。

```
// MyPlayerController.cpp 文件
// 定义处理函数的具体实现
void AMyPlayerController::ActionMouseClickHandle(const FInputActionValue&
                                                Value)
{
    FHitResult HitResult;
    //取得鼠标点在场景中点中的物体
    GetHitResultUnderCursor(ECollisionChannel::ECC_Visibility, false,
                            HitResult);
    if (HitResult.GetActor()) {
        //在屏幕打印输出
        if (GEngine) {    //必须先检查非空
            GEngine->AddOnScreenDebugMessage(-1, 2, FColor::Blue,
                            FString::Printf(TEXT("Click Actor: % s"),
                            * HitResult.GetActor()->GetName())));
        }
        //在日志中打印输出
        UE_LOG(LogTemp, Warning, TEXT("Click Actor: % s"),
            * HitResult.GetActor()->GetName());
    }
}
```

⑩ 编译（VS 中"生成"或 UE 中"编译"），运行。接着在 MyPlayerControllerBP 蓝图类中勾选显示鼠标的选项，如图 10-54（a）所示，之后在场景中点击物体，即可看到在屏幕和日志中打印出的信息，如图 10-54（b）所示。

(a) 显示鼠标的设置

(b) 运行效果

图 10-54　【例 10-3】程序运行结果

注意：如果点击恐龙时输出的不是其名称，或者漫游时会穿过它，则是因为它还没设置碰撞。请双击其资产，进入模型查看器，点击菜单"碰撞"（"Collision"）→"添加盒体简化碰撞"（"Add Box Simplified Collision"），或选其他，为其添加碰撞体。

10.3.5　UI 设计与开发

UI（user interface）指的是用户界面。在虚拟现实和游戏的应用中，常常需要以弹出窗口（例如使用说明介绍）或者对摄像机固定平面元素（例如操作菜单、血条、分数等）的形式向用户显示信息。这些弹出窗口和固定平面元素就是用户界面。本小节介绍基于 UMG（unreal motion graphics UI designer，虚幻动态图形 UI 设计器）的 UI 设计和开发方法。

前面实际上已把房间建成了一个小型的恐龙模型展厅，不妨再强化一下点击显示信息的虚拟展览功能。

【例 10-4】　继续修改【例 10-2】，点击恐龙时弹出用户界面，显示介绍该恐龙的图文信息。

程序开发步骤如下。

首先，我们需要**创建 UI**。

① 新建一个"UI"目录，准备把与 UI 相关的资产都放在这里。

② 准备或制作好几张图片：背景、霸王龙（png）、三角龙（png）、翼龙（png），导入UI 目录。

③ 新建控件蓝图：在内容浏览器中点击"添加"（"Add"）按钮，再点击弹出菜单"用户界面"→"控件蓝图"（"User Interface"→"Widget Blueprint"），然后在内容浏览器中就可以看到新创建的控件蓝图。修改命名，例如霸王龙的修改为"TirarexUI"，如图10-55 所示。

图 10-55　新建控件蓝图

④ 双击刚刚新建的控件蓝图，按照图 10-56 所示的步骤，先放置一个画布面板（Canvas Panel），然后在画布面板中放置图片、文本、按钮，并调整大小。

图 10-56　创建 UI

⑤ 修改并记住各个控件的命名。

⑥ 同上，再创建出三角龙控件蓝图（命名为 TriceraUI）和翼龙控件蓝图（命名为 PteraUI），效果如图 10-57 所示。注意文本和按钮控件的变量名使用相同的名称，以便后续程序控制。

(a) 三角龙UI

(b) 翼龙UI

图 10-57　UI 展示

然后，需要**创建 UserWidget 类**。

⑦ 点击菜单"工具"→"新建 C++ 类"（"Tools"→"New C++ Class"），搜索选择 UserWidget 类作为父类，新类起名为"MyUserWidget"（图 10-58）。

(a) 搜索UserWidget类

(b) 设置类名

图 10-58　新建 UserWidget 类

⑧ 分别打开三个恐龙的控件蓝图，为它们指定父类为 MyUserWidget 类（图 10-59）。

图 10-59　指定父类

接下来，就可以用程序控制**弹出和关闭 UI** 了。

⑨ 在 MyUserWidget. h 中添加代码。

```
……
UCLASS()
class ROOM_API UMyUserWidget : public UUserWidget
{
    GENERATED_BODY()
public:
    UPROPERTY(Meta = (BindWidget))//UPROPERTY 宏使下一句的变量与编译器和蓝图关联
    class UButton * BtnExit;              //注意变量名字要和控件蓝图中按钮的名字相同
    virtual bool Initialize() override;   //需重写的事件处理函数
    UFUNCTION()                //UFUNCTION 宏使下一句的函数与编译器和蓝图关联
    void BtnExitEvent();    //"退出"按钮响应函数。点击这个按钮,介绍界面就会关闭
};
```

⑩ 在 MyUserWidget. cpp 中添加代码。

```
# include "MyUserWidget. h"
# include "UMG. h"
bool UMyUserWidget::Initialize()
{
    if (! Super::Initialize())  {
     return false;
    }
    //为按钮的点击注册事件处理函数
    BtnExit->OnClicked. __Internal_AddDynamic(this,
                        &UMyUserWidget::BtnExitEvent, FName("BtnExitEvent"));
    return true;
}
void UMyUserWidget::BtnExitEvent()
{
    //关闭控件蓝图 UI
    this->RemoveFromParent();
}
```

⑪ 在 MyPlayerController. h 中添加代码。

```
# include "CoreMinimal. h"
# include "GameFramework/PlayerController. h"
# include "MyUserWidget. h"
# include "MyPlayerController. generated. h"
UCLASS()
class ROOM_API AMyPlayerController : public APlayerController
{
    GENERATED_BODY()
    ……
```

```
public:
    UPROPERTY(EditAnywhere, Category = "UI")
    UMyUserWidget * m_pWidget;
    UPROPERTY(EditAnywhere, Category = "UI")
    TSubclassOf<UUserWidget> m_DlgWidgetClassTrex;
    UPROPERTY(EditAnywhere, Category = "UI")
    TSubclassOf<UUserWidget> m_DlgWidgetClassTric;
    UPROPERTY(EditAnywhere, Category = "UI")
    TSubclassOf<UUserWidget> m_DlgWidgetClassPter;
};
```

⑫ **编译**，然后在蓝图上对上述变量赋值（图 10-60）。

图 10-60　设置蓝图

⑬ 在 MyPlayerController. cpp 中添加代码。

```
void AMyPlayerController::ActionMouseClickHandle(const FInputActionValue&
                                                Value)
{
    ......

    if (HitResult.GetActor())
    {
        ......
    UE_LOG(LogTemp, Warning, TEXT("Click Actor: % s"),
           * HitResult.GetActor()->GetActorLabel());
    }
    //弹出介绍界面。Fstring(…)里面的是场景中模型的 ID,在世界大纲视图中查
    if (m_DlgWidgetClassTrex ! = nullptr &&
        *HitResult.GetActor()->GetActorLabel() == FString("TIRAREX"))
    {
        m_pWidget = CreateWidget<UMyUserWidget>(GetWorld()->GetGameInstance(),
                                                m_DlgWidgetClassTrex);
        if (m_pWidget ! = nullptr)
            m_pWidget->AddToViewport();
    }
    else if (m_DlgWidgetClassTric ! = nullptr &&
```

```
                    * HitResult.GetActor()->GetActorLabel() == FString("Tricera"))
{
        m_pWidget = CreateWidget<UMyUserWidget>(GetWorld()->GetGameInstance(),
                                                m_DlgWidgetClassTric);

        if (m_pWidget ! = nullptr)
            m_pWidget->AddToViewport();
}
else if (m_DlgWidgetClassPter ! = nullptr &&
        * HitResult.GetActor()->GetActorLabel() == FString("Pteranol"))
{
        m_pWidget = CreateWidget<UMyUserWidget>(GetWorld()->GetGameInstance(),
                                                m_DlgWidgetClassPter);

        if (m_pWidget ! = nullptr)
            m_pWidget->AddToViewport();
}
}
```

⑭ 编译，运行。用鼠标点击恐龙时就会弹出对应的介绍界面（图 10-61）。

(a) 霸王龙 　　　　　　　　　　　　(b) 三角龙

图 10-61　恐龙展厅程序效果展示

10.4　虚拟博物馆实例

在前三节中，我们一步步完成了一个简单的恐龙模型虚拟展厅，介绍了建设一个基于虚拟现实技术的数字博物馆涉及的模型构建和程序开发的基本技术。虚拟数字博物馆是虚拟现实技术的一种典型应用，在未来元宇宙时代将被越来越广泛地应用。

然而，恐龙展厅案例只是一个简易的示意性例子，真正要建设开发一个虚拟数字博物馆项目则要考虑更多的事情。本节则构建开发一个完整的小型虚拟数字博物馆。

【例 10-5】　构建开发一个"丝路陶瓷"虚拟博物馆。

要策划建设一个虚拟博物馆，首先也要像策划实体展那样，先确定展览主题和展览内容。本题目（项目）的主题是"丝路陶瓷"，目的是通过展出一些中国古代海上丝绸之路上的中西文物，来反映出当时中国与西方的文化交流，以达到促进当代中西文化交流，促进双方友谊的目的。

展品则是选择一些来自古代海上丝绸之路的典型文物，这些文物实际上收藏于世界上不同国家的多个博物馆中。在现实中把这些文物调集到一起是一件非常困难的事,但可以把它们的数字资料,包括图片、三维模型等调集到一起,使用虚拟博物馆的形式来展出。这就发挥出了虚拟现实的特点和优势。

10.4.1 模型构建工作

要建设一个 3D 虚拟博物馆,至少应包含以下两项工作。

(1) 模型构建

包括展馆模型和展品模型。要取得良好的视觉表现效果,此工作应由有经验的三维建模人员来进行。

(2) 程序开发

在展馆和展品模型基础上进行各种展览功能开发。要实现的功能有:虚拟漫游、点击展品弹出图文介绍、背景音乐、按 X 键退出。

由于本书的主要任务是 C++程序开发,因此下文的内容侧重于虚拟博物馆的程序开发工作,对于模型构建则从略,需要学习模型构建的读者请参阅相关书籍。本例假设丝路陶瓷博物馆已经建好模型,该模型是使用 3ds Max 构建的,它在本书的配套电子资源中可找到。

本小节只提及模型导入。使用"10.2.6 导入外部模型"小节的方法,把展馆展品的模型导入虚幻引擎中,对灯光进行必要的调整,建议使用 DataSmith 方法(图 10-62)。

图 10-62 导入的场馆和展品模型截图

10.4.2 数据结构

（1）UI 设计

在上一小节中采用展品介绍方法为每一个展品制作一个介绍画面，而现在这个陶瓷展馆的展品非常多，如果为每个展品都制作一个介绍画面的话，设计工作量会非常大。因此采用这样的思路：绝大部分展品可以使用一个相同的 UI。对展品介绍的 UI 设计如图 10-63 所示，其中标题、介绍信息和展品图片都将用变量进行记录和表示。

图 10-63　展品信息

（2）展品信息

对于虚拟博物馆中的 23 个展品，使用以下四个数组来记录和表示。

```
FString   g_aExhObjID[23];          //展品模型 ID(在世界大纲视图中的 ID)
TCHAR     g_aExhImage[23][100];     //UI 上的展品图片
FText     g_aExhTitle[23];          //UI 上的展品标题
FText     g_aExhInfo[23];           //UI 上的介绍信息
```

弹出 UI 时，会根据模型 ID 来从其他三个数组中查找到数据，从而动态修改 UI 中的展品图片、标题和介绍信息。

10.4.3 程序代码

本小节中开发步骤和代码从略，主要的开发步骤请参阅 10.3 节。完整的源代码工程请查看配套电子资源。

程序编写好后，编译，运行，程序效果如图 10-64 所示。

(a) 展馆一角　　　　　　　　　　　(b) 展品

(c) 展品介绍UI　　　　　　　　　　(d) 展品介绍UI

图 10-64　程序效果

10.5　沉浸式环境搭建

本节介绍利用 HTC 头戴式显示器（简称头显）来搭建虚幻引擎的沉浸式虚拟现实环境。本节以 UE5（版本 5.3.1）进行讲解举例。连接 HTC 头显设备，需要搭建好 VR 环境，获取 VR 设备的输入，分别采用蓝图和 C++两个版本进行说明。

10.5.1　硬件环境安装

首先应正确安装 HTC 头显硬件设备，具体安装细节需自行查阅包装盒中的说明书，里面有详细的安装方法。在连接硬件设备的过程中，需要安装 HTC 官方的软件，进入官方网站并选择对应的 HTC 设备的软件进行安装，不同型号的头显型号安装方法基本相同，但有细微差别。本小节以 HTC Vive Pro 为例，简述其安装过程。

① 首先，认识一下 HTC VIVE VR 头显上的主要部件，如图 10-65 所示。其中：A 是基站（定位器），2 个，它们能发射激光以对头显与手柄控制器进行定位；B 是同步线；C 是基站电源适配器，2 个；E 是连接器，依靠它把头显和计算机连起来；F 是连接器专用贴片，可以用它把连接器粘在主机箱之类地方固定住；G 是连接器电源适配器（同 C）；J 是耳机；N 是头显；O 是手柄控制器，2 个。其他的部件为连接电线。

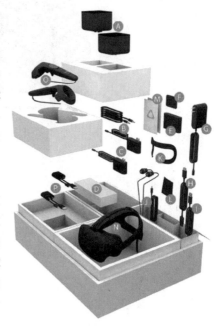

图 10-65　HTC 头显部件

② 先安装定位器（通常称为基站），基站有 120°的可视范围，所以玩家需要将两个基站搭设在对角线两边的高处，以便于基站能够扫描到游戏空间范围且相互间没有阻隔，如图 10-66 所示。

基站后端的接口在使用时只需要连接电源，其余的接口只在需要更新或是同步出现问题时连接处理使用，如图 10-67 所示。安装完毕后接上电源，看到指示灯亮起绿色的光并且常亮就表示基站已经在正常工作。

图 10-66　布置基站

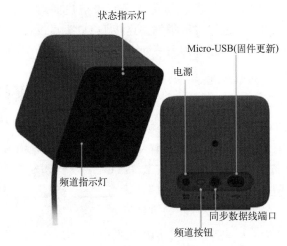

图 10-67　基站接口

③ 接下来是串流盒的连接，只要把附带的 USB 数据线、HDMI 连接线以及电源线插在串流盒上相对应的接口处，另一端连接计算机主机上对应的接口即可，接上计算机后计算机就会开始自动安装驱动，如图 10-68 所示。

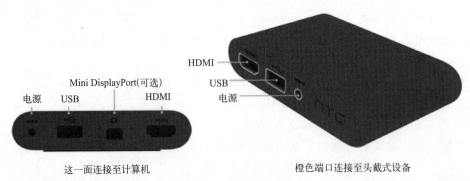

图 10-68　串流盒接口

④HTC 的手柄是无线配置的，装好系统之后按下手柄最下方的按键，听到"嘀"声就成功开启手柄了，上方的指示灯常亮表示手柄正在运行，如图 10-69 所示。

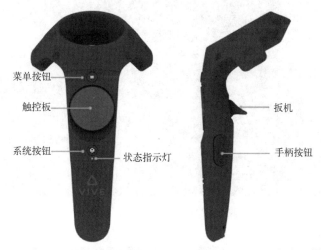

菜单按钮

触控板

系统按钮

状态指示灯

扳机

手柄按钮

图 10-69　手柄

⑤ 在 SteamVR 中定位。下载安装好 Steam，之后安装 SteamVR，运行后找到"设置房间"打开。在弹出来的窗口，根据自己的需求而设置房间，然后按照 SteamVR 里面的提示进行定位，如图 10-70 所示。如果定位有点偏差或者不满意，可以重复定位。

图 10-70　设置房间

至此，就完成了 HTC VIVE 头显设备的硬件环境搭建。

然后，通过例子来介绍如何开发基于头戴式显示器的 VR 程序。

【例 10-6】　把【例 10-5】虚拟博物馆改造成头戴式显示器环境。

要将【例 10-5】改造成头戴式显示器环境，首先要开启 UE5 内置插件 OpenXR。OpenXR 插件集成了对接 SteamVR 和 Oculus Quest 2 的 API，因此需要开启才能连接上 SteamVR，如图 10-71 所示。

此外，由于项目中没有用于 VR 移动的导航网格，所以需要将地面的碰撞类型改为 BlockAll，并添加 Nav Mesh Bounds Volume 导航网格体积覆盖地面来生成导航网格，这样玩家才能在场景中进行移动（图 10-72 和图 10-73）。

图 10-71   开启 OpenXR 插件

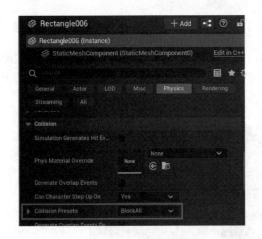

图 10-72   修改地面碰撞属性

图 10-73   添加导航网格体积

最后，还需要用程序将虚拟博物馆转换为 VR 虚拟博物馆，这一部分可以使用蓝图或者 C++来完成，可以用 UE5 的 VR 模板作为参考来进行构建开发。

10.5.2   使用蓝图搭建

目前 UE5 已经提供了 VR 游戏蓝图模板，可以剖解该模板，理解其运行原理。UE5 将 VR 的主要功能集合在 VRPawn 蓝图类中，其中一共有两个重要的组件，分别是 Camera 组件和 MotionController 组件，Camera 组件用于获取 HMD 的输入，MotionController 组件则是用于连接 HTC 手柄从而获取手柄的输入。

（1）输入获取

创建一个新的 Pawn 类，Pawn 类中需要添加运行 VR 的必要组件。其中，CameraComponent 组件开启了锁定到头戴显示器，这样便可以获取到头戴摄像头的输入（图 10-74）。

新增 MotionControllerComponent 组件，在 MotionControllerComponent 的细节菜单中，MotionControllerComponent 的运行源为：LeftGrip 就是左手手柄抓取输入，RightGrip

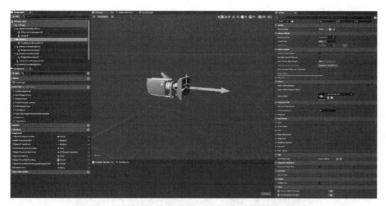

图 10-74　VRPawn 类与 Camera 锁定到头戴显示器

就是右手手柄抓取输入。添加一个 StaticMeshComponent，设置一个 mesh 作为操作物品。如添加一个 SkeletalMeshesComponent，设置一个骨骼网格体。当然注意组件的附加关系，因为实际控制的是 MotionControllerComponent，所以自己的 Mesh 以及后续要添加的一切要跟随手柄移动的 Actor 都要作为 MotionControllerComponent 的子组件（图 10-75）。

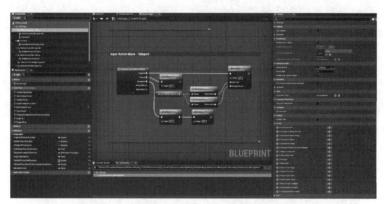

图 10-75　运行源为 LeftGrip 的 MotionController

MotionControllerComponent 的运行源对应的 LeftAim 就是输入左手柄指向的方向，RightAim 是输入右手柄指向的方向，主要用于获取摇杆方向，从而能够对场景进行交互。对于 Aim 姿势，需要添加 WidgetInteraction 组件作为 MotionController 的子组件，并设置交互距离、交互通道等的交互信息，才能够同 3D 控件进行交互（图 10-76）。

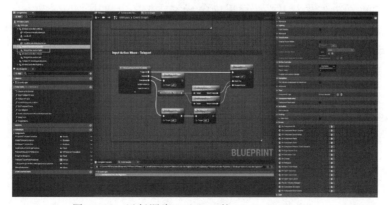

图 10-76　运行源为 LeftAim 的 MotionController

最后将 VRPawn 设置为默认 Pawn 类，则 UE5 的 VR 基本设置就完成了（图 10-77）。

图 10-77　将 VRPawn 设置为默认 Pawn 类

到目前为止，已经将 HTC 虚拟设备的输入成功连接到 UE5 中的 UObject，并成功读取设备的输入。后续就是讲解 VR 输入，即让玩家的输入控制移动，与场景进行互动。

（2）控制移动

控制传送进行移动是虚拟现实最常见的方式，既可以在玩家没有足够的空间进行移动时实现在虚拟世界中的移动，也可以大大缓解使用虚拟现实设备移动造成的眩晕问题（图 10-78）。

图 10-78　传送移动方式

在执行传送前，要先设置玩家起始点和玩家移动的区域。

设置玩家起始点： 对于不同虚拟现实设备是不同的，HTC 通过 Set Tracking Origin 设置即可（图 10-79）。这么做，主要是可以确定玩家在 VR 世界中的位置和方式，这里设置成地面水平就是将原点定义为地面的高度，这样就可以让玩家在 VR 世界中模拟现实中的站立并保持与现实中相对位置和方向的一致，很适合模拟游览世界、移动游玩的类型。

图 10-79　设置追踪原点

设置玩家移动区域：包含获取 HTC 定位器设置的矩形空间和通过使用 NavMesh-BoundsVolume 来实现区域控制，以及设置好体积区域，通过 ProjectPointToNavigation 来判断传送点，进而实现移动。

具体实现控制摇杆的输入，控制移动的方向，可通过手柄投射一个抛物射线定位移动的位置。

获取移动的位置：通过一个函数 PredictProjectilePathByObjectType 投射抛物线定位，起点就是手柄的位置，投射的速度大小是自定义的，只要是指向手柄前面的向量即可，投射的落点是静态的场景，自然设置 ObjectType 就是静态场景（图 10-80）。

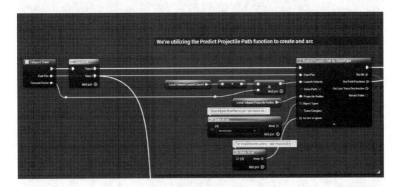

图 10-80　获取移动的位置

玩家要移动的区域是要受到控制的，而控制区域的方法就通过 NavMeshBoundsVolume 设置好 NavMesh 区域，获取投射的落点 Location，通过 ProjectPointToNavigation 转换到 NavMesh 上的 Location。最重要的就是这个，剩下的返回值是一个真实的落点 Location，另一个是记录投射过程中的 Point，用于生成一个可视的投射线，方便玩家获取到自己移动的位置（图 10-81）。

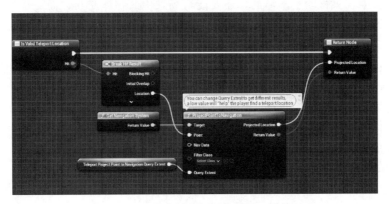

图 10-81　将落点转换到导航网格上的位置

获取移动的方向：摇杆输入的方向可以通过设置为 Aim 姿势的 MotionController 来获取。当用户在现实世界中对摇杆进行旋转时，Aim 姿势的 MotionController 能够获取这种输入，并自动转换为游戏场景中的前向向量 Forward Vector（图 10-82）。

这样我们就获取到了传送移动所需的传送点和传送旋转方向，后续只需要设置玩家的 Location 和 Rotation 即可，官方使用了 Teleport 函数来移动玩家（图 10-83）。

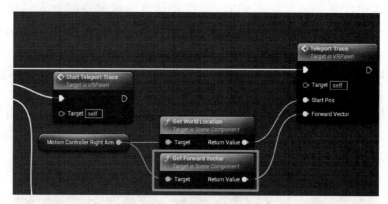

图 10-82　获取用户旋转方向

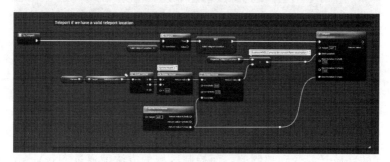

图 10-83　Teleport 移动玩家位置

以上就是控制移动的主要过程，次要的就是生成可视的投射线、可视的投射点位置以及一个实时获取投射落点旋转方向的箭头，这些都是为了方便玩家的功能。

（3）与场景物体交互

在虚拟现实中，只移动是不够的，还要能与场景中的物体交互，而交互的方式很多，比如可以拿起场景中的物体，然后抛出，或者与场景中的 3DUI 进行交互，或者通过指向物体获取物体的信息等。

拿起物体：在虚拟现实中拿起物体，实现起来很简单，玩家手柄控制的手是一个 Object，而要让玩家控制的手，看上去握住了一个物体 Object 并拿起来，最简单的方法就是让要拿起来的物体 Object 作为手的组件，附在玩家的手上，并播放手握紧的动画即可，实现玩家拿着一个物体，并拿了起来。而放开一个物体，自然就是反过来，让物体从子类附着状态中脱离，并播放手松开的动画，这样物理模拟的物体自然就会自己掉落。

要解决的问题就是，怎么让手识别到要拿起的物体，然后让物体附着上去，作为手的组件。

识别物体：手要拿起物体就要靠近物体，然后两者重叠，就可以利用重叠来识别物体。首先，在手上添加一个 CollisionComponent，当这个组件与物体重叠时，就会触发该组件的重叠事件，并返回重叠的物体的信息，如物体的实例、物体的位置等，这样即可识别到物体。其次，在需要被抓取的物体上添加 GrabComponent 组件，这在识别到大量物体时过滤掉不必要的物体（图 10-84 和图 10-85）。

握住物体：只需要调用一个函数，将 Actor 作为一个组件附加到另一个组件上即可（图 10-86）。

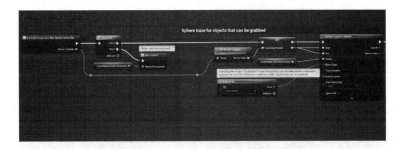

图 10-84 识别物体

图 10-85 添加 GrabComponent

图 10-86 将 Actor 附加到另一个组件上

通过射线指向物体，获取物体信息：通过射线检测来获取想要的 Object，以及 Object 的信息。起点是手柄的世界坐标，终点则是向前向量×自定义的长度值＋起点位置。检测的物体均为可移动的物体，ObjectType 设置成动态的，再设置自身 Ignore 和想要排除的物体即可（图 10-87）。

与 3DUI 进行交互：与 3DUI 进行交互，通过添加 WidgetInteractionComponent，即可与 3DUI 进行交互。如果要模拟鼠标点击，则需要在交互时间上调用 PressPointKey 和 ReleasePointKey，PointKey 设置成鼠标左键（图 10-88～图 10-90）。

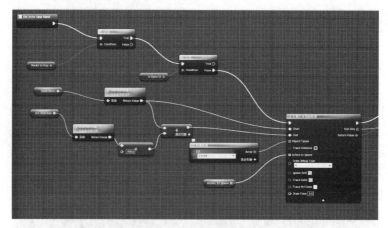

图 10-87　通过射线检测物体

图 10-88　控件交互组件

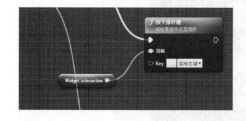

图 10-89　按下指针键

图 10-90　松开指针键

使用 VR 头显参观虚拟博物馆，可以带来沉浸式的感受和体验，通过 VR 技术，可以在现实世界中像亲临实际博物馆一样探索各种文化艺术藏品，并通过与文物的实时交互，带来一种独特的体验和学习机会（图 10-91）。

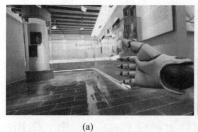

(a)

(b)

(c)

图 10-91　VR 头显使用效果

10.5.3　使用 C++ 搭建

（1）输入获取

C++的处理也是类似的，不过略有不同，C＋＋需要创建一个 Pawn 类，一个 Actor 类，前者用于获取 HMD 输入，后者用于获取手柄输入。

在 Pawn 类中设置一个 UCameraComponent 类的成员指针变量，在构造函数中调用 CreateDefaultSubobject 函数，创建一个 UCameraComponent 的组件，并绑定在 RootComponent，需注意的就是调用函数的模板记得要设置成自己需要创建的类。

同理，Actor 类是用来获取手柄输入的，因此需要添加一个 UStaticMeshComponent（如果是要做动画的就用 USkeletalMeshesComponent）和 UMotionControllerComponent，将两个组件绑定在 Root 上。

创建两个蓝图类，分别继承于上面两个 C＋＋类，Pawn 类的 Camera 组件在细节面板开启"锁定到头戴显示器"选项。Actor 类设置好 Mesh，以及 MotionController 设置对应的运行源。不过这里左右手的运行源都是在 C＋＋中 Pawn 类 SpawnActor 附加两个 Actor 类时，设置 EControllerHand 属性（创建蓝图子类是为了方便设置 mesh 以及动画）。

（2）控制移动

C＋＋的实现逻辑和蓝图是相似的。

```
UHeadMountedDisplayFunctionLibrary::SetTrackingOrigin(EHMDTrackingOrigin::Floor);
```

设置玩家起始点、设置玩家移动区域、获取移动的位置的思路与方法与蓝图相同，参见 10.5.2 节中的控制移动。使用 C＋＋搭建的代码如下。

```
bool AYT_MotionController::TraceTeleportDestination(TArray<FVector>& tracePoints, FVector&
navMeshLocation, FVector& traceLocation)
{
    FHitResult outHit;
    TArray<FVector> outPathPos;
    FVector outLastTraceDestination;
    FVector startPos = ArcDirection->GetComponentLocation();
    FVector launchVelocity = ArcDirection->GetForwardVector() *
            TeleportLaunchVelocity;
    TArray<TEnumAsByte<EObjectTypeQuery>> objectTypes;
        objectTypes.Add(EObjectTypeQuery::ObjectTypeQuery1);
    TArray<AActor*> actorsToIgnore;
    bool bTrace = UGameplayStatics::
            Blueprint_PredictProjectilePath_ByObjectType(GetWorld(),

    outHit,outPathPos,outLastTraceDestination,startPos,launchVelocity,true,
        0.0f,objectTypes,false,actorsToIgnore,EDrawDebugTrace::None,0.0f,
        30.0f,2.0f,0.0f);
    float projectNavExtends = 500.0f;
    FVector projectedLocation;
    bool bPointToNavigation = UNavigationSystemV1::
```

```
            GetNavigationSystem(GetWorld())->K2_ProjectPointToNavigation(
            GetWorld(), outHit.Location, projectedLocation, nullptr, nullptr,
            FVector(projectNavExtends, projectNavExtends, projectNavExtends));
    tracePoints = outPathPos;
    navMeshLocation = projectedLocation;
    traceLocation = outHit.Location;
    return bTrace && bPointToNavigation;
}
```

获取移动的方向：摇杆的输入可以看作一个 XY 的二维坐标轴，移动摇杆时就会获取一个 XY 的向量。后续要做的就是将 Actor 的旋转体对上 XY 向量的旋转体，先用 Actor 的旋转体对 XY 向量进行旋转，获得对应 Actor 方向上的 XY 向量方向，再将向量方向转换成旋转体即可。为了防止摇杆老旧产生的侧滑，可以做一个死区的阈值，当摇杆输入超过阈值时才会有反应。最后获得的旋转体就是移动后 HMD 面向的旋转方向。

在 C++ 中获取摇杆输入需要绑定按键，对于轴输入可以使用 BindAxis，将轴输入值存储在成员变量里，用于后续计算。

```
    PlayerInputComponent->BindAxis(TEXT("MotionControllerThumbLeft_X"), this,
        &AYT_MotionControllerPawn::SetLeftAxis_X);
    PlayerInputComponent->BindAxis(TEXT("MotionControllerThumbLeft_Y"), this,
        &AYT_MotionControllerPawn::SetLeftAxis_Y);
    PlayerInputComponent->BindAxis(TEXT("MotionControllerThumbRight_X"),
        this, &AYT_MotionControllerPawn::SetRightAxis_X);
    PlayerInputComponent->BindAxis(TEXT("MotionControllerThumbRight_Y"),
        this, &AYT_MotionControllerPawn::SetRightAxis_Y);
void AYT_MotionControllerPawn::SetRightAxis_X(float value)
{
    Right_X = value;
}
void AYT_MotionControllerPawn::SetRightAxis_Y(float value)
{
    Right_Y = value;
}
void AYT_MotionControllerPawn::SetLeftAxis_X(float value)
{
    Left_X = value;
}
void AYT_MotionControllerPawn::SetLeftAxis_Y(float value)
{
    Left_Y = value;
}
```

游戏中在每一帧都获取玩家的旋转方向。

```
// Called every frame
```

```
void AYT_MotionControllerPawn::Tick(float DeltaTime)
{
    Super::Tick(DeltaTime);
    //LeftHandTeleport Rotation
    if (LeftController->bIsTeleporterActive){
        FRotator leftRotator = GetRotationFromInput(Left_Y, Left_X,
            LeftController);
        LeftController->TeleportRotation = leftRotator;
    }
    //RightHandTeleport Rotation
    if (RightController->bIsTeleporterActive){
        FRotator rightRotator = GetRotationFromInput(Right_Y, Right_X,
            RightController);
        RightController->TeleportRotation = rightRotator;
    }
}
// 获取玩家的旋转
FRotator AYT_MotionControllerPawn::GetRotationFromInput(float UpAxis, float RightAxis, AYT_Motion-
Controller * YT_MotionController)
{
    //Rotate input X+Y to always point forward relative to the current pawn rotation
    FRotator B = (FRotator(0.0f, GetActorRotation().Yaw, 0.0f))
        .RotateVector(FVector(UpAxis, RightAxis, 0.0f).GetSafeNormal(0.0001f))
        .ToOrientationRotator();
    FRotator C = GetActorRotation();
    return (FMath::Abs(UpAxis) + FMath::Abs(RightAxis) > ThumbDeadzone) ? B : C;
}
```

执行 Teleport 函数移动玩家。

```
void AYT_MotionControllerPawn::ExcuteTeleportation(AYT_MotionController * MotionController)
{
    if (! bIsTeleporting) {
        if (MotionController->bIsValidTeleportDestination){
            bIsTeleporting = true;
            APlayerCameraManager * playerCameraManager =
                UGameplayStatics::GetPlayerCameraManager(GetWorld(), 0);
            playerCameraManager->StartCameraFade(0.0f, 1.0f, FadeOutDuration,
                TeleportFadeColor, false, true);
            FTimerHandle timerHandle;
            FTimerDelegate timerDelegate = FTimerDelegate::CreateLambda([this,
                playerCameraManager, MotionController]() {
                MotionController->DisableTeleporter();
                FVector location;
                FRotator rotation;
                MotionController->GetTeleportDestination(location, rotation);
```

```
            TeleportTo(location, rotation);
            playerCameraManager->StartCameraFade(1.0f, 0.0f,
              FadeInDuration, TeleportFadeColor, false, false);
            bIsTeleporting = false;
            });
          GetWorldTimerManager().SetTimer(timerHandle, timerDelegate,
            FadeOutDuration, false);
      }
      else {
          MotionController->DisableTeleporter();
      }
    }
}
```

这样我们就获取到了传送移动所需的传送点和传送旋转方向，后续只需要设置玩家 Location 和 Rotation 即可，官方使用了 Teleport 函数，并通过摄像机的视觉处理，优化了玩家移动的体验。

以上就是控制移动的主要过程，次要的就是生成可视的投射线，可视的投射点位置，以及生成一个实时获取投射落点旋转方向的一个箭头，这些都是为了方便玩家的功能。

（3）与场景物体交互

拿起物体：在 C++ 中的实现方式就是设置一个 USphereComponent 类成员变量，用于碰撞检测，让获取的 Object 附着上手就是通过 AttachToComponent 进行的。

通过射线指向物体，获取物体信息：通过射线检测，也就是调用 LineTraceMultiForObjects 函数，进行检测物体，参数与蓝图的是一致的，信息可以通过 FHitResult 获取。这是一个 struct，里面集成了检测到的物体的信息。当然不使用单射线检测也可以，不过在 IgnoreOfActor 就需要进行判断了。

```
AActor * AYT_MotionController::GetActorNearHand()
{
    FVector start = HandMesh->GetComponentLocation();
    FVector end = ArcDirection->GetForwardVector() * CheckNearActorLong + start;
    TArray<TEnumAsByte<EObjectTypeQuery>> arrayObjectTypeQuery;
    arrayObjectTypeQuery.Add(EObjectTypeQuery::ObjectTypeQuery2);
    TArray<AActor *> actorsToIgnore;
    actorsToIgnore.Add(UGameplayStatics::GetPlayerPawn(GetWorld(), 0));
    TArray<FHitResult> outHit;
    if (UKismetSystemLibrary::LineTraceMultiForObjects(GetWorld(),
        start, end, arrayObjectTypeQuery, false, actorsToIgnore,
        EDrawDebugTrace::None, outHit, true)){
        for (auto& attachedActor : outHit){
            if (Cast<AYT_PickActor, AActor>(attachedActor.GetActor())){
                return attachedActor.GetActor();
            }
        }
    }
    return nullptr;
}
```

与 **3DUI 进行交互**：与蓝图的处理思路一致，就是添加 WidgetInteractionComponent，接着将该组件绑定到鼠标按键上，还有一个注意点就是如果双手都设置了 WidgetInteractionComponent，就需要分别设置两个 PointerIndex，也就是指针索引。

```
void AYT_MotionControllerPawn::BeginPlay()
{
    ...
    if (LeftController && RightController)
    {
        ...
        LeftController->WidgetInteraction->PointerIndex = 0;
        RightController->WidgetInteraction->PointerIndex = 1;
    }
    ...
}
```

由于本小节涉及的 C++完整代码篇幅较长，书中从略，请参考配套电子资源的例题源代码。

（4）程序发布

程序调试完成后，可以把程序发布成脱离虚幻编辑器运行的 exe 文件。先在项目设置中勾选 "Start in VR" 选项，如图 10-92 所示，然后点击工具栏中的 Platforms 按钮，在下拉菜单中选择 "Windows" - "Package Project" 进行发布。

图 10-92　VR 发布设置

思考与练习

1. 修改【例 10-2】，使翼龙不上下漂浮，而是在桌子上方转圈。

2. 自建或在网上下载一个剑龙模型，在【例 10-3】基础上加入剑龙模型以及剑龙说明的 UI。

3. 仿照【例 10-4】，设计开发一个现代家具虚拟展厅。

4. 改造【例 10-1】模型，把缺少的一面墙补上，建成一个密室，并为密室加入更多家具模型，然后将其设计开发成一个密室逃脱的小游戏。（游戏过程设计举例：可以通过点击家具实现抓起、搬开和放下，当抓起其中一把椅子时，发现钥匙原来压在椅子下面，抓起钥匙拿到门处，门就被触发打开，然后玩家就可以走出房间。）

参考文献

[1] Ivor Horton. Visual C＋＋ 2013 入门经典 [M]. 李周芳，江凌，译. 北京:清华大学出版社， 2015.

[2] 孙鑫. VC＋＋深入详解 [M].3 版. 北京:电子工业出版社， 2019.

[3] 王维波,栗宝鹃,侯春望. Qt 6 C＋＋开发指南 [M]. 北京:人民邮电出版社， 2023.

[4] 冯开平，罗立宏. 虚拟现实技术及应用 [M]. 北京:电子工业出版社， 2021.